中国社区垃圾分类研究

杜欢政
靳　敏
郭甲嘉
等著

浙江科学技术出版社

图书在版编目（CIP）数据

中国社区垃圾分类研究 / 杜欢政等著. — 杭州：浙江科学技术出版社，2020.3

ISBN 978-7-5341-8926-5

Ⅰ.①中… Ⅱ.①杜… Ⅲ.①社区-垃圾处理-研究-中国 Ⅳ.①X705

中国版本图书馆CIP数据核字（2020）第001596号

书　　名	**中国社区垃圾分类研究**
著　　者	杜欢政　靳　敏　郭甲嘉　等

出版发行　**浙江科学技术出版社**

杭州市体育场路347号　邮政编码:310006

办公室电话:0571-85176593

销售部电话:0571-85062597

网　址:www.zkpress.com

E-mail:zkpress@zkpress.com

排　　版　杭州兴邦电子印务有限公司

印　　刷　浙江新华数码印务有限公司

开　　本	710×1000　1/16	**印　　张**	13.25
字　　数	197 000		
版　　次	2020年3月第1版	**印　　次**	2020年3月第1次印刷
书　　号	ISBN 978-7-5341-8926-5	**定　　价**	68.00元

责任编辑　刘　雪　　**责任校对**　顾旻波

封面设计　孙　菁　　**责任印务**　田　文

序

自工业革命以来，人类的物质生活发生了很大改变，生态环境也出现了很多问题。自20世纪60年代起，人类面临的日益严重的环境问题引起了社会各界的关注和思考。改革开放以来，中国的经济建设取得了令世人瞩目的成就，但同时，经济发展带来的资源的大量消耗和环境的污染，使人民的身体健康受到了严重威胁，特别是在人口集聚的大、中城市，"垃圾围城"带来的污染问题已成为与百姓生活息息相关的头等大事。

垃圾分类工作事关13亿多人民的幸福生活和根本福祉，事关绿色发展和生态文明建设，事关社会文明和谐和美丽中国建设。党中央、国务院对此高度重视，积极采取措施，推动垃圾分类工作，推动形成有利于资源节约和环境保护的绿色生产方式和生活方式，加快建设美丽中国。2015年4月，中共中央、国务院发布《关于加快推进生态文明建设的意见》，明确提出完善再生资源回收体系，实行垃圾分类回收，开发利用"城市矿产"；2015年9月，发布《生态文明体制改革总体方案》，进一步明确强调"加快建立垃圾强制分类制度"。为了更好地推动垃圾分类工作，习近平总书记于2016年12月21日主持召开中央财经领导小组第十四次会议，他强调，普遍推行垃圾分类制度，关系13亿多人生活环境改善，关系垃圾能不能减量化、资源化、无害化处理。要加快建立分类投放、分类收集、分类运输、分类处理的垃圾处理系统，形成以法治为基础、政府推动、全民参与、城乡统筹、因地制宜的垃圾分类制度，努力提高垃圾分类制度覆盖范围。

社区垃圾分类是垃圾分类工作中至关重要的环节，前端社区垃圾分类工作的好坏，直接影响后续的分类收集、分类运输和分类处理。我国的近邻日本自20世纪70年代起，用了40多年的时间将垃圾分类方法逐步细化，已先后制定了4部垃圾处理法和1部全面修正法，从源头上减少了垃圾对环境的污染并进一步提高了资源利用率。日本的《废弃物处理法》规定，如果日本市民违反规定乱扔垃圾，将会被警察逮捕并罚款，市民依据法律有权利监督举报乱扔垃圾者。日本的垃圾分类可谓“极致”，在很多外国人看来甚至到了“严苛”的地步。日本的垃圾分类细致、严谨，不同垃圾的处理方式也各不相同，仅横滨市政府印刷的共27页的垃圾分类手册上就包含了多达518项条款。此外，瑞典、德国等国也以立法的形式来积极推进垃圾分类回收工作。如何有效地借鉴国外经验，把国外的先进理念和做法与中国实践相结合，探索适合中国国情的生活垃圾分类回收制度，已成为中国政府亟待解决的重要问题。

社区垃圾分类回收是一项复杂的系统工程，涉及政府、企业、公众以及非政府组织等多方，需要通过完善法规制度，科学设置分类投放设施，建立市场化的分类收集、分类运输和分类处理体系来共同推动。本书将理论与实践结合，概括国内外垃圾分类工作中涉及的理论，结合国内外社区垃圾分类的典型案例，揭示和分析了垃圾分类工作中所遇到的困难与问题，为政府垃圾分类政策的制定提供参考，得出的结论具有较强的创新性与现实指导性。

本书由联合国环境署-同济大学环境与可持续发展学院责任教授、同济大学循环经济研究所所长、浙江省长三角循环经济技术研究院院长杜欢政和中国人民大学环境学院教授靳敏牵头，汇集国内有关专家、学者等，组成专门的研究团队撰写完成。研究团队既从事循环经济、垃圾分类回收等的理论研究，又长期与国家发展和改革委员会、国家工业和信息化部、国家商务部等部委合作开展政策研究和实践探索。本书基于杜欢政主持的国家社会科学基金重大项目“环境治理的市场化制度与社会化共治体系研究（15ZDC030）”和靳敏主持的中国人民大学科学研究基金（中央高校基本科研业务费专项资金资助）“基于互联网＋的电子废弃物回收体系建设研究成果（18XNL015）”的支持，通过回顾国内垃圾分类的发展历程，介绍了政府方面关于垃圾分类的政策，深入剖析了国内外的典型案例，研究成果具有理论高度和实践指导意义。本书在社区垃圾分类的方法与技术研究、系统设计方面有所创新，可以为国内相关研究机构以及从事资源循环利用、环境保护工作的政府部门提供有益的参考与借鉴。

钱易

中国工程院院士

清华大学教授

国家发展循环经济工作部际联席会议专家咨询委员会委员

前　言

未来学家托夫勒曾在《第三次浪潮》中预言:“继农业革命、工业革命、计算机革命之后,影响人类生存发展的又一次浪潮,将是世纪之交时要出现的垃圾革命。”

垃圾分类看似小事,实则关乎生态文明建设大局。随着经济社会发展和消费水平的大幅提高,我国的生活垃圾产生量迅速增长。据资料分析,2017年,我国大、中城市的生活垃圾清运量达2.15亿吨。垃圾不当处置引发的环境隐患日益突出,已经成为新型城镇化发展的制约因素。垃圾分类是复杂的系统工程,是有关日常生活和社会管理的一种革命,涉及公众环境意识的培养、居民日常行为的改变,涉及基层公共治理能力的建设,涉及城乡垃圾清运系统和处理模式的更新换代,涉及财政、公共事业经费管理的改良,涉及产业政策的调整、创新,涉及政府部门行政能力的提升。因此,推动垃圾分类是我国正在进行的经济改革、社会改革、环境管理改革的一部分。实施生活垃圾分类,可以有效改善城乡环境,促进资源回收利用,加快资源节约型、环境友好型社会建设,提高新型城镇化质量和生态文明建设水平。缺乏制度性约束,是垃圾分类推进缓慢的重要原因。现行法律法规对生活垃圾分类大多只有鼓励性条款,对各级政府职能、公民权利义务、分类行为规范等,缺乏明晰的刚性约束和制度规范。

2016年12月,习近平总书记在中央财经领导小组第十四次会议上强调,普遍推行垃圾分类制度,关系13亿多人生活环境改善,关系垃圾能不能减量化、资源化、无害化处理。要加快建立分类投放、分类收集、分类运输、分类处理的垃圾处理系统,形成以法治为基础、政府推动、全民参与、城乡统筹、因地制宜的垃圾分类制度，努力提高垃圾分类制度覆盖范围。2018年11月6日上午，习近平总书记到上海市虹口区市民驿站嘉兴路街道第一分站，听取了几位年轻党员交流的社区垃圾分类推广的做法后，表示垃圾分类工作就是新时尚。事实上，在大力建设生态文明的总体框架下，垃圾议题在高层早已有了清晰的路线图。2015年9月，国家发布的《生态文明体制改革总体方案》就已明确提出"加快建立垃圾强制分类制度"；2016年6月15日，根据中央部署，国家发展和改革委员会、国家住房和城市建设部联合发布的《垃圾强制分类制度方案（征求意见稿）》提出在2020年前，直辖市、省会城市、计划单列市及第一批示范城市中的其他城乡在城区范围内先行实施垃圾强制分类。经过广泛征求意见，2017年3月30日，国务院办公厅转发《生活垃圾分类制度实施方案》，对推动生活垃圾分类，完善城市管理和服务，创造优良人居环境进行部署。《生活垃圾分类制度实施方案》提出，推进生活垃圾分类要遵循减量化、资源化、无害化原则，加快建立分类投放、分类收集、分类运输、分类处理的垃圾处理系统，形成以法治为基础、政府推动、全民参与、城乡统筹、因地制宜的垃圾分类制度，到2020年年底，基本建立垃圾分类相关法律法规和标准体系，形成可复制、可推广的生活垃圾分类模式，在实施生活垃圾强制分类的城市，生活垃圾回收利用率达到35%以上。在直辖市、省会城市、计划单列市以及第一批生活垃圾分类示范城市的城区范围内先行实施生活垃圾强制分类，同时鼓励各省（区）选择具备条件的城市实施生活垃圾强制分类，国家生态文明试验区、各地新城新区率先实施生活垃圾强制分类。同时，加强生活垃圾分类配套体系建设，建立与分类品种相配套的收运体系、与再生资源利用相协调的回收体系，完善与垃圾分类相衔接的终端处理设施，并探索建立垃圾协同处置利用基地，确保分类收运、回收、利用和处理设施相互衔接。

至此，中国的生活垃圾分类有了明确的总体设计思路：①明确了政府的主导作用。省级人民政府和国务院有关部门应对生活垃圾分类工作加强指导；各城市人民政府应承担起主体责任，完善相关法规，加大资金支持，强化监督检查；责任明确的公共机构和企事业单位也应做好带头示范，推动全社会参与生活垃圾分类。②循序渐进推进生活垃圾分类。生活垃圾分类涉及社会生活的方方面面，不可能一蹴而就，从可操作的角度出发，强制分类和引导分类同时开展。在部分具备条件的区域，对公共机构和企事业单位先行实施强制分类；对于城镇居民，在目前法律法规尚不健全的情况下，仍以引导分类为主。③因地制宜确定分类方法。我国各地的气候特征、发展水平、生活习惯不同，生活垃圾成分差异显著，为避免各地“一刀切”制定分类方法，由各地结合实际，合理确定强制分类的品种，细化分类、收运、处置等方面的要求，地方政府具有较大灵活性。④注重系统配套。生活垃圾分类是一项复杂的系统性工作，分类后端的收运体系、回收体系、终端处理设施建设也要与垃圾分类品种相衔接，与资源回收利用相协调。

我们研究团队在全国各地开展垃圾分类的实证研究。2010年，在广州提出“政府主导、企业主体、中心运作、公众参与”的城市生活垃圾系统解决方案，这一方案的提出是城市生态文明建设和资源循环利用的重要创新。从广州市荔湾区西村街道试验起步，我们经过6年探索，总结并提出的“西村模式”已在广州全市推广，具有重大示范效应，成果获2016年中国管理科学学会管理创新奖。2012年，我们在杭州环境集团天子岭填埋场建设资源循环利用基地，提出“一总部、六基地”的设想，为2018年国家发展和改革委员会、国家住房和城市建设部推动资源循环利用基地建设提供案例。2013年，我作为世界银行专家，在宁波参与世界银行的第一个垃圾分类项目的设计工作。2015年，我们在上海为上海市商务委员会、上海市绿化和市容管理局研究“两网融合”的体制机制，在此实证研究的基础上，为上海等城市提出了城市级别解决垃圾问题的顶层设计框架——三全、四流、五制，三全（全过程、全品种、全主体）为要、四流（物质流、价值流、环境流、信息流）为首、五制（空间场地保障、减量补贴、特许经营权、生产者责任延伸、绿色采购）为纲。

当然，垃圾分类的实施还需要以下保障措施：①组织领导，即强化各级人民政府的指导、监督检查和工作考核，并向社会公布考核结果；②健全法律法规，尽快完善垃圾分类相关的法律制度，推动出台地方性法规、规章，依法推进生活垃圾强制分类;③各项支持政策,即完善垃圾处理收费制度,落实相关税收优惠政策,同时加大中央资金和地方财政的引导、支持;④体制机制创新,积极鼓励社会资本和专业化服务公司参与垃圾分类收集、分类运输、分类处理相关工作,加快建设城市智慧环卫系统、建设生活垃圾资源化产业技术创新战略联盟及技术研发基地、推广"互联网+"新模式等一系列有利于垃圾分类的新举措;⑤社会参与,通过宣传、教育、示范、开展技能培训、建立垃圾分类督导员及志愿者队伍等措施,使垃圾分类的理念深入人心,使垃圾分类成为人们的自觉行为。

多年来,我国对垃圾分类的思考存在不同的角度。20世纪70年代,从环境卫生学角度进行的垃圾分类,是从卫生防疫的角度力争把垃圾对人民群众身体健康的危害降到最低。现今讨论的垃圾分类,则更加注重环境保护,侧重减少垃圾在从产生到处理的整个过程中对生存环境带来的负面影响。当然也可以从经济学角度去考虑垃圾分类,从垃圾中含有大量可缓解环境资源紧张状况的可回收物的角度去认知垃圾分类,把可回收物收集起来,大力推进循环经济。此外,还可以从社会文明发展的角度去看垃圾分类,从一个城市的市民怎么处理自己产生的垃圾,可以看出这个城市市民的文明程度,以及市民是否具备了公民性。对垃圾分类的理解不同,行动的方法、策略和目标也相应有所不同。垃圾管理体系应包括以下3个特征:前端源头减量分类环节的相关制度应更多体现政府的管理能力和强制性,末端处理环节应对静脉产业给予制度激励,中端回收体系应强调社区的作用。社区作为政府社会治理和公共治理的最小单元,在垃圾分类上起着联结政府、企业和居民的纽带作用。开展垃圾分类工作,把目标定位在社区十分必要。只有每个人在日常生活的方方面面都注重环保,关注空气、食品和水,关注生活品质,关注社区的共同利益,环保才会真正与广大百姓息息相关。每个人、每一天都要产生的"垃圾",极具普遍性,是"从生活切入环保"的最好话题。从这个理念出发,各级政府都应该把垃圾分类的焦点放在社区。

本书正是基于这样的考虑,对国内外基于社区层面的垃圾分类实践进行了归纳、总结和提炼，以期为中国正开始的“垃圾革命”提供借鉴经验。本书首先回顾和总结了中国垃圾分类的历程，剖析了中国垃圾分类的现状和问题，认为垃圾分类应聚焦社区。其次，本书对社区垃圾分类的方法与技术基础，以及社区垃圾分类的系统设计进行了全面、深入的阐述。考虑到政府在垃圾分类中的主体责任，以及政策在垃圾分类中的重要作用，本书还系统分析了中国垃圾分类历程中政府的基本政策及作用。最后，本书详细剖析了国内外基于社区层面的垃圾分类实践的典型案例，对社区垃圾分类的技术方案、实施条件、管理流程及利益相关者的合作等关键问题进行了案例研究和分析。

本书由本人和中国人民大学环境学院教授靳敏负责总体组织和设计以及全书统稿，由北京大学教授童昕、上海静安区爱芬环保科技咨询服务中心郝利琼、中国人民大学环境学院博士郭甲嘉、同济大学循环经济研究所博士后矫旭东、国家发展和改革委员会资源节约和环境保护司吕峥、东华理工大学鲁圣鹏、零废弃联盟毛达、同济大学循环经济研究所王文烈、同济大学循环经济研究所王荟、同济大学循环经济研究所王君参与撰写。本书获得了同济大学一流学科建设经费资助，同时也得到了本人主持的国家社会科学基金重大项目“环境治理的市场化制度与社会化共治体系研究(15ZDC030)”和靳敏教授主持的中国人民大学科学研究基金(中央高校基本科研业务费专项资金资助)“基于互联网+的电子废弃物回收体系建设研究(18XNL015)”的支持。

同济大学马克思主义学院教授、循环经济研究所所长

联合国环境署-同济大学环境与可持续发展学院责任教授

目 录

Contents

第四章　政府关于垃圾分类的基本政策与支持

第五章　国内外社区垃圾分类的典型案例

第一章
国内垃圾分类的回顾与启示

第一节　中国垃圾分类的历程

随着城市规模的不断扩大及城市人口的增加，全球每年新增100多亿吨城市生活垃圾，许多城市都出现了"垃圾围城"的严峻形势。在简单的垃圾填埋、堆肥、焚烧等处理方法中，由于垃圾未经充分、科学的分类处理，带来了严重的资源浪费和环境污染。垃圾分类作为垃圾无害化处理前端工作的必要性便凸显出来。日本、美国等一些发达国家对垃圾分类的尝试起步较早，目前已经建立了一整套较为完善的运行机制，并且有政府专职部门以及专业公司负责实施垃圾分类。对于发达国家的居民而言，垃圾分类也已经成为公民应尽的社会职责之一。

国内的垃圾分类状况则不容乐观。我国于2000年确定将北京、上海、广州、深圳、杭州等8个城市作为生活垃圾分类收集试点城市，至今已过去近20年，但效果并不理想。中商产业研究院的大数据显示，2015年全国设市城市生活垃圾清运量为1.92亿吨，城市生活垃圾无害化处理量为1.80亿吨。其中，卫生填埋处理量为1.15亿吨，占63.9%；焚烧处理量为0.61亿吨，占33.9%；其他方式处理量占2.2%。无害化处理率达93.8%，比2014年上升1.9个百分点。全国生活垃圾焚烧处理设施无害化处理能力为21.6万吨/日，占总处理能力的32.3%。而在现实操作中，垃圾分类困难重重。据一项调查显示，北京城八区每年产生的500多万吨生活垃圾中，11.07%为纸类垃圾，12.70%为塑料垃圾，0.27%为金属垃圾，2.46%为织物，1.76%为玻璃，总计近30%的垃圾属于可回收垃圾，但在实际的垃圾处理过程中，很多人对垃圾分类概念的认识比较模糊，甚至有近半数居民不能清楚地分辨哪些垃圾属于可回收垃圾。根据中华环保联合会与中国人民大学环境学院靳敏教授承担的联合国环境规划署项目"中国北京社区家庭可持续消费现状及政策倡导研究"的问卷调查显示，只有约4%的社区居民能完全正确地答出目前我国的生活垃圾是按照可回收物、厨余垃圾、有害垃圾和其他垃圾4类进行分类回收的，这说明社区居民对于城市生活垃圾分类回收的相关知识和规定知之甚少；在家庭垃圾的处理方式上，选择混到一起扔进垃圾桶和分好类后扔到指定垃圾桶的受访者各占一半，这反映出一半的社区居民已经有垃圾分类的意识和行为，但仍有一半的居民采用了将垃圾混合丢弃的处理方式，这一点亟待规范。

近年来，我国日益重视对垃圾分类处理模式的探讨与尝试。《"十二五"全国城镇生活垃圾无害化处理设施建设规划》指出，截至2010年年底，全国设市城市和县城生活垃圾年清运量为2.21亿吨，生活垃圾无害化处理率为63.5%，其中设市城市为77.9%，县城为27.4%。该规划以垃圾"减量化、资源化、无害化"为目标，以"政府主导、市场运作"为原则，强化政府责任，加大公共财政投入，完善财税优惠政策；提出在垃圾分类、收集、运输、处理等环节引入市场机制，充分调动社会资金参与生活垃圾处理设施建设和运营的积极性，促进形成垃圾处理可持续发展的完整产业链；同时强调社会参与，加强宣传引导，树立"垃圾处理、人人有责"的观念，鼓励全民参与生活垃圾分类和处理工作；并要求以大、中城市为重点，推进生活垃圾分类、存量治理等工作，发挥引导示范作用；因地制宜地选择先进适用的技术，有条件的地区应优先采用焚烧等资源化处理技术，鼓励跨行政区域共建共享处理设施。截至2015年，全国设市城市和县城生活垃圾无害化处理能力达到75.8万吨/日，比2010年增加30.1万吨/日，生活垃圾无害化处理率达到90.2%，其中设市城市为94.1%，县城为79.0%，超额完成"十二五"规划确定的无害化处理率目标。目前，《"十三五"全国城镇生活垃圾无害化处理设施建设规划》已经开始实施，期待到2020年年底，直辖市、计划单列市和省会城市（建成区）生活垃圾无害化处理率达到100%，其他设市城市生活垃圾无害化处理率达到95%以上，县城（建成区）生活垃圾无害化处理率达到80%以上，建制镇生活垃圾无害化处理率达到70%以上；具备条件的直辖市、计划单列市和省会城市（建成区）实现原生垃圾"零填埋"，建制镇实现生活垃圾无害化处理能力全覆盖；设市城市生活垃圾焚烧处理能力占无害化处理总能力的50%以上，其中东部地区达到60%以上；直辖市、计划单列市和省会城市生活垃圾得到有效分类，生活垃圾回收利用率达到35%以上，城市基本建立餐厨垃圾回收和再生利用体系；建立较为完善的城镇生活垃圾处理监管体系。

国内外经验表明，生活垃圾的管理是一项综合的优化决策过程。这个优化决策过程基于人们对垃圾本身和垃圾所带来的一系列问题的认识过程[1]。从垃圾产生到今天，我们经历了从不了解垃圾到明白“废弃物是放错位置的资源”的飞跃，也经历了垃圾处理技术从简单的堆肥到填埋、从焚烧到零废弃[2]处理的更迭，最重要的则是我们的垃圾处理目标经历了由单纯的垃圾清理到不得不进行综合性的、循环利用的可持续管理模式的变化。

---

[1] 横县垃圾综合治理项目团队.横县十年：垃圾综合治理的实践总结[M].北京：知识产权出版社，2013.

[2] 根据零废弃国际联盟给出的定义，零废弃指的是垃圾处理的目标和行动计划，即通过结束垃圾焚烧、堆积和填埋来确保资源的回收，保护缺乏的自然资源。

第二节　辩证看待中国的垃圾问题

一、垃圾问题催生的焚烧危机

中国公众对于垃圾问题的态度是很矛盾的,一方面,重视程度普遍不高,表现为很少付出行动去进行垃圾分类、减少垃圾产生;另一方面,对于建设垃圾处理设施,特别是焚烧厂又非常反对,表现出明显的"邻避"倾向。

公众之所以对垃圾问题不太关心,是因为现在的社会公共服务和环卫服务已经让垃圾的产生者与垃圾的最终去向之间隔了很长的距离。垃圾一投入垃圾桶,人们就几乎再也看不到它、感受不到它,所以人们自然而然不会去关心。然而,当一个地方要建垃圾焚烧厂时,一部分人就会突然发现,自己的生活跟垃圾处理有了关系,所以必然会去关心。至于他们反对建设这些设施的理由,也是合情合理的。例如,垃圾焚烧厂是高风险设施,不是幼儿园、文化站之类的设施,不放在这里肯定比放在这里更安全。此外,即便能够控制住它的风险,但现有的很多类似设施接二连三地出现过违法、不达标等情况,那么大家自然而然会有一个预判,也会对这个新的项目不信任。这种不信任是建立在过去出现过问题的基础上的,这实际上是非常符合逻辑的。

过去几年,民间组织也在积极回应公众对于垃圾末端处理,特别是焚烧的担忧。通过大量的调查研究,民间组织不断提醒相关政府部门、企业以及媒体,垃圾焚烧的确存在一些风险和隐患:①焚烧垃圾产生的二噁英等污染物会对公众健康造成威胁;②垃圾焚烧可能浪费一些有经济价值和生态价值的资源,包括生物有机质、纸张、塑料等;③耗费能源,垃圾热值普遍低下,焚烧垃圾产能的效率较低,因而其单位电力产出所排放的二氧化碳比一般的火电厂还要高;④可能给公众带来经济负担,例如,垃圾焚烧曾导致美国宾夕法尼亚州哈里斯堡市财政破产,纳税人数以亿计的财富都被用来补贴焚烧厂的建设和运营。

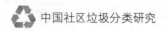

危机之下，并不是没有出路。如果做好了垃圾分类，超过90%的城市生活垃圾是可以循环利用、重复使用的，焚烧不应该成为处理垃圾问题的首选措施。事实上，“重前端，抑末端”的垃圾管理战略已经在欧洲通过立法的形式确定了下来。2008年，欧盟委员会出台了《废弃物框架指令》，全欧盟成员国都要根据这个指令来调整国内法律。这个指令的核心原则是按照优先次序来管理垃圾，要保证先贯彻施行处于优先位置的措施。

优先次序的最顶层，就是避免垃圾的产生。以前总说垃圾减量，“减量”这个词的含义太模糊，因为通过焚烧垃圾减少垃圾的体积也可以被叫作减量。所以更准确的叫法应该是“预防或抑制垃圾的产生”，日本的叫法是“发生抑制”。预防或抑制垃圾的产生，这是可以通过政策层面的引导来实施的，例如出台禁止过度包装的法律。

第二个层面，是重复利用。重复利用也就是物尽其用，尽量延长一件物品的使用寿命。比如购买一些日用化工产品如洗发水之类的时，可以买散装的，这样以前的包装可以重复利用。欧盟也有相关的法律来保障这项措施的施行，另外，欧盟也会在一些商品的质量标准中规定商品最低使用寿命等。

第三个层面，是循环利用。比如废旧报纸通过重新加工变为其他用途的纸，厨余垃圾通过堆肥变为农业或园艺的肥料等，和重复利用有所不同。

第四个层面，是能源的回收利用。能源利用效率较高的垃圾焚烧就属于这个类别，但相对于循环利用（如用厨余垃圾堆肥），焚烧是排在后面的，即非焚烧处理优先。

第五个层面，是能源利用效率低的焚烧和填埋。这两种方式处在最低的级别。

在以上介绍的欧盟垃圾管理战略中，垃圾分类处于中间环节，它虽然在措施的优先程度上次于避免垃圾的产生（即发生抑制）和重复使用，但在现实中确实是最有效的能够减缓末端处置压力的措施。因为只有通过垃圾分类，后端的高效、无害的循环利用才能实现。

正是在这样的指令下，一些原来很依赖焚烧的欧洲国家也开始进行积极的调整。例如丹麦——欧洲焚烧垃圾最多的国家，大约50%的生活垃圾是通过焚烧处理的，近几年来丹麦也开始讨论垃圾分类的必要性，制定了垃圾管理新战略，要求居民将垃圾分类投放到不同的垃圾桶中，促进循环利用，减少焚烧。

作为第一个提出“循环经济”概念的国家，德国在垃圾分类方面有着先进的经验。德国从19世纪70年代就开始发展循环经济，其政策主要为经济激励政策，采用较多的包括收费和押金返还等。如部分地区实施按户征收垃圾处理费，对易拉罐包装产品实施押金返还制度。垃圾收费制度也为垃圾分类提供了保障，德国的每个家庭至少需要准备4—5个垃圾桶，分别用于生态垃圾（如厨余垃圾、树叶等）、化学垃圾（如废电池等）、可回收垃圾（如玻璃瓶、废旧纸张等）以及普通垃圾（又分为可燃与不可燃两类）的粗分类。在将家庭垃圾扔进公共垃圾桶时，还需要将不同颜色的玻璃瓶扔进相应的玻璃瓶专用桶。这样浩大的分类工作，全靠垃圾收费制度才得以实现。德国不进行垃圾分类的家庭，每年的垃圾费约为20多万马克；而进行垃圾分类的家庭，垃圾费不足5万马克。

日本是全世界居民生活垃圾分类最成功的国家。在过去的40多年间，日本政府将垃圾分类的管理体系逐步完善，将分类方法逐步细化，积累了大量成功经验。为了保证垃圾分类的有效实施，日本不仅将垃圾分类上升到国家法律层面，还制定了完善的法律体系对垃圾分类处理进行规范，包括1部基本法、2部综合法和5部具体法，对建筑材料、容器、包装、厨余垃圾、电子废弃物和家电都进行了细致的管理。由于精细的垃圾类别划分以及烦琐的投放垃圾过程，日本家庭会按照垃圾分类的标准在家里准备小垃圾桶，通过使用指定的垃圾袋，在日常生活中完成垃圾分类。日本在垃圾收集的日期、垃圾投放的时间、垃圾袋的购买、垃圾费的收取等方面都有严格的规定。日本对一半以上的人口实行垃圾收费政策，很多地区对垃圾袋的使用还采用实名制。同时，日本致力于开展垃圾分类的宣传教育工作，各大、中、小学会组织学生参观附近的垃圾处理厂；日本政府会向刚到日本的外国人派发垃圾分类的宣传册；对于新入住的居民，社区管理员会在当天就向居民提供垃圾分类说明书和垃圾收集日时间表。

国外的社会环境发展情况和中国不完全一样，尽管不可能有完全适用于中国的经验,但也有值得我们借鉴的地方。中国未来的垃圾管理,最基本的思路应该是学习和借鉴国际经验。欧盟垃圾管理的总体思路以及世界各国在垃圾分类方面的实践,均可以作为中国参考和努力的方向。但具体怎么落实,中国应该有自己的做法,在不同地区和不同发展阶段,也应该有相应的侧重点。

二、垃圾分类的政府责任

过去10多年,垃圾分类在我国确实走得非常艰难,原因在于政府和公众都缺乏诚恳的意愿,且并未全力以赴。垃圾管理是一项社会公共事务,政府必然应处在核心位置并发挥主动性作用。

垃圾分类的好处显而易见:既有利于资源的更有效利用,又可以减少污染;是发展低碳经济、循环经济、绿色经济,建设生态文明不可或缺的一环。目前,国家各项法规、政策都肯定了垃圾分类的必要性和重要性。对于垃圾分类,国家在认识上是清楚的,在方向上是正确的。

如前所述,垃圾分类是复杂的系统工程,是日常生活和社会管理的一种改革,涉及公众环境意识的培养、居民日常行为的改变,涉及基层公共治理能力的建设,涉及城乡垃圾清运系统和处理模式的更新换代,涉及财政、公共事业经费管理的改良,涉及产业政策的调整、创新,涉及政府部门行政能力的提升。因此,从本质上来说,推动垃圾分类就是中国正在进行中的经济改革、社会改革、环境管理改革的一部分。由此可以理解,推动垃圾分类所遇到的困难,实际上就是改革所遇到的困难,而在各项事业的改革中,若没有一定的决心,是不可能向前推进的。

中国10多年来垃圾分类工作进展缓慢,也是政府主管部门改革决心不够强烈的体现。有改革必有被改革之物,推动垃圾分类是一种改革,被改革之物就是垃圾的无节制大量产生、混合投放、混合运输、混合处理,及其导致的资源浪费、污染严重的历史与现实情况。但是,垃圾混合现象的长期存在必有其原因,除了公众环境意识有待提高之外,最大的“推动力”就是某种能够转移垃圾、转移污染的混合垃圾处理技术的存在。

在相当长的一段时间,这种掩盖问题的技术是混合垃圾填埋。混合垃圾填埋将绝大部分的垃圾和污染转移到了地下，将小部分转移到了空中（沼气）。这种技术的特点是通常不需要政府部门进行太多投入，尤其是在经济改革、社会改革和环境管理改革方面的投入，甚至还能为一些特殊的利益集团创造效益。由于主管部门改革的决心和改变现状的意愿不够强烈，因此由混合垃圾填埋所带来的各种问题没有得到足够的重视。如此一来，本该有问题的被改革之物——垃圾混合，从表面上看来却没有了问题，改革也丧失了应有的动力。

然而，由于近期填埋技术转移污染的容量接近饱和，另一种技术得到了政府部门的青睐，即混合垃圾焚烧。除了价格稍微昂贵外，混合焚烧和混合填埋在性质上没有区别，都是将问题转移。前者将大部分垃圾以烟气形式（甚至是更有害的一些物质，如二噁英）转移至空中，将少部分以灰渣形式（同样包含一些更有害的物质）转移到地下，甚至建筑原材料中。同样，由于主管部门改革的决心和改变现状的意愿不够强烈，由混合焚烧带来的各种问题也没有得到足够的重视。虽然国务院办公厅印发了《“十二五”全国城镇生活垃圾无害化处理设施建设规划》，但规划中将生活垃圾焚烧处理设施能力的比例设定得很高，“到2015年，全国城镇生活垃圾焚烧处理设施能力达到无害化处理总能力的35%以上，其中东部地区达到48%以上”，且没有对垃圾分类和垃圾资源化利用设定非常具体的量化目标。

如何才能激发改革的动力，改变“垃圾围城”的现状呢？首先，国家当有高屋建瓴的认识和重视，自上而下地根据生态文明建设的基本目标和原则，对主管部门进行指导和鞭策，领导制定限制混合、促进分类的宏观政策。其次，要将混合垃圾处理项目的全过程（规划、建设、运营）信息公开变为政府部门的法定职责和义务。唯有这样，才能慢慢揭示垃圾混合处理的真实代价，动摇被改革之物即垃圾大量产生、混合处理继续“安然存在”的社会认识基础。

三、垃圾分类的公众行动空间

尽管垃圾问题仍然严峻，但垃圾分类，特别是干湿分开已基本成为一种社会共识。不光政府部门加大了对相关工作的投入力度，一些对建造焚烧厂忧心忡忡的居民则更为明确地喊出了“要垃圾分类，不要焚烧”或“分类第一，焚烧第二”的口号。他们把垃圾分类视作解决问题的优先对策。甚至一些长期热衷于推广焚烧技术的专家也承认,垃圾分类,或者是基本的“干湿分离”,不仅对垃圾减量很重要,也可以让垃圾烧得更好。

但是,每每谈到这样一种社会共识,许多人还是提不起兴趣。淡漠的原因不是觉得它不重要,而是认为这是政府的事情,只要政府有决心做,事情就解决了。不少人还说,垃圾分类是件容易的事,目前只要找到最佳的末端垃圾处理方式,前端的问题就迎刃而解了。大家不愿意在垃圾分类工作上花太多时间讨论,更不用说采取一些行动去证明这项工作的可行性。

可是垃圾分类真的如大家想象的那么容易吗?希望如此,但请不要于乐观。

所有“要求改变个人习惯”的公共政策的落实都是很艰难的,这也是技术有其市场的原因之一。以一位日本专家的话来说,一地政府若要求市民进行垃圾分类,在短期内就要冒“反公众”的风险,因为它会增加公众的时间成本甚至金钱成本,消减生活的“便利”性。如何理解这位专家的话?亲自在家里做一下垃圾分类就可体会到。

在美国,也有同样的现象。一位观察家说道,如果哪个竞选市长的政客在其施政纲领中提到了要推行垃圾分类,这无疑是在为败选做准备。虽然这是20世纪八九十年代的老皇历,但就在近年旧金山市市长提出要在该市推行强制垃圾分类、违者罚款的政策时,时事评论员还是为他捏了把汗:要小心一些民众的抵触。也有人分析道,这位市长连任届数已满,即使不成功,对他的政治前途也没有太大影响。此看法从另一个侧面反映出,垃圾分类要争取到大多数人的支持和行动并不容易。

一个看似简单的工作,其实涉及每一个人的价值取向、道德水平和生活习惯,也取决于一地的市政部门能否设计出适合该地大多数人的垃圾分类和收集方案。在发达国家也不容易推行的垃圾分类,在中国推行起来也会遇到问题。但是,提前认识到各种问题,包括公众自身的弱点,是最有利于找到合理解决方案的。

从中国目前的情况来看,涉及基层工作的政策和措施,往往是对政府管理能力的重大考验。而垃圾分类就是一项需要做到细处的基层工作。如果基层政府缺乏居民的信任，又没有足够的人力和财力资源作为保障，就无法动员和指导当地居民做垃圾分类。此外，想象一下我们的居住条件、生活节奏和独特的物资回收体系，在这种现状下，找到一个既能方便大多数人做垃圾分类，又能保证经济、高效的分类运输方案是件容易的事吗？建设一个处理设施是一个点的事，而设计一套垃圾分类和收集方案则涉及千千万万个家庭、单位和多样的小区。后者的科技含量可能要比前者低，但它是一项社会系统工程，要考虑的因素很多，所以对管理技术方面的要求很高。

后端的问题解决得好，尤其是当后端具备了垃圾分类处理和资源化的手段后，一定会促进分类工作，但这只是必要条件之一。过去不乏具备分类收集和分类处理条件的情况，却仍没出现好的例子。长期以垃圾分类著称的北京城南某小区就是如此。曾经，该小区的物业管理人员向许多人介绍，这个小区居民的意识很强，长期以来垃圾分类投放做得好，但是政府环境卫生管理部门（简称环卫部门）把分好的垃圾又混在一起了，打击了大家的积极性，所以效果有减退。在多次走访过这个小区后，我们发现了一些问题。这个小区的部分居民对垃圾分类的认知较强，但并没有几个人真正按照分类桶投放垃圾；小区雇用的一个看车师傅几乎凭一己之力把部分可回收物和厨余垃圾从混合垃圾中分出来，为这个“示范小区”遮羞。那到底是不是责任都在于政府呢？这个小区的情况与这位物业管理人员的埋怨恰恰相反：环卫部门有流动的资源回收车，每周定点到此小区清运可回收物；此小区内还有一部处理厨余垃圾的堆肥机，每天都在运转；小区内还有许多拾荒者，他们会捡拾有价值的可回收物。从这些条件来看，这是一个已经实现了垃圾分类运输和处理的小区。那为什么当事人还在把不实的责任推到政府身上呢？这不过是一种巧妙的推托。

现在各方都认为解开焚烧难题的关键一步是要把厨余垃圾分出来。只要分出来，就有可能不建或少建焚烧厂；只要分出来，就有可能让正在运行的焚烧厂更环保一点。北京和其他一些大城市均建有堆肥厂，并仍计划建设更多的大型厨余垃圾处理厂，还有不少再生资源企业已经具备了一定的产能，但因为垃圾分类不充分而得不到很好的发展。应该说，在城市的某些地区，垃圾分类处理的基本条件已经具备，但为何长期以来一直做不到垃圾的分类投放和分类收集？其实负责分类投放的公众和负责分类收集的政府都有责任，一方可能认为，不做分类就是因为垃圾在收集时被混合；另一方可能认为，分类收集没问题，但没有分类投放怎么进行分类收集？

这个“鸡先蛋先”的故事由来已久，大家都有责任。毫无疑问，垃圾分类工作——无论是分类投放还是分类收集——应该由政府主导。公共事务理应由公权力负责，但是“政府主导”又如何能真正地实现？目前，面临“垃圾围城”的大城市的市政府，在垃圾分类工作上肯定感受到了压力，所以一定会采取一些措施，尤其是针对垃圾分类收集的措施。但正如前面提到的，垃圾分类是一项系统工程，政府如果看不到公众的配合，工作又不见什么效果，到时候，政府和公众又该如何应对？

政府垃圾分类工作目前的困难在哪里？除了后端分类处理存在困难之外，缺乏合乎实际的方案、资金的投入和良好的示范也都是困难。2005年，在日本爱知世界博览会上，当地的许多志愿者几个月来连续不停地敦促和指导参展国代表进行垃圾分类，才最终使得一些人的习惯得以改变。这说明垃圾分类实际上是一件劳动密集型的事情，特别是在政策实施的初期。这几年，北京市政府为了维护每天上下班时间的交通秩序，动用了一定的人力、物力。如此投入，才有可能收到一定的成效。垃圾分类工作也一定如此。政府需要动用大量人力、物力来搞垃圾分类，也需要把大量补贴末端处理的资金挪到前端。政府有了决心后，可能也会担心，钱花出去万一收不到效果怎么办？所以这就需要合乎实际的方案，保证大规模的投入能够见到效果。可是谁能制订这样的方案？许多专家长期研究末端处理，在垃圾分类方面都停留在纸上谈兵的阶段。公众可以“等”合乎实际的方案的诞生，但是无论何时，催生这样的方案和这些方案本身都免不了要公众自己有一定的付出和行动。

要得到好的大方案，小范围的示范很重要。但不管有没有政府的支持和参与，真正的示范恐怕还是要由公众自己做出。在垃圾问题上惰怠一天，公众自己受垃圾之害就会多一天。公众需要用自身实践证明家庭垃圾分类和分类投放的可能性，有了示范后，强调政府的“主导”责任才会更有效。

我们往往认为日本垃圾分类做得好的原因是政府负责、居民意识高。但回顾历史，日本政府从一开始也是不负责的，居民的意识也是普遍不高的。

国内一位专家曾用照片展示过日本在20世纪60年代经济高速发展期垃圾遍地、无人关心的情景，这情景正是前垃圾分类时代政府和大多数居民都不关心垃圾问题的写照。然而，就是在这样一种历史条件下，日本的垃圾减量和分类实践率先从小范围的居民开始。1975年，面对日渐上涨的垃圾处理费的压力，静冈县沼津市数个社区的居民自发地开始将家庭垃圾分成3类。这是日本垃圾分类的源头，垃圾分类不仅很快成为城市垃圾管理的一部分，更使沼津市成为日本其他地方效仿垃圾分类的模范。正如讲述这个故事的日本专家所说，居民的联合行动可以最终转化成一种公共政策。这个过程其实并不奇怪，因为政府行事的动力源泉本来就是公众。

最后一个问题，是不是政府不动，公众先动就没有意义？如果居民在家里将厨余垃圾、可卖废品的垃圾和其他垃圾分出来，装在不同的垃圾袋中投放进垃圾桶，一定可以提高资源利用率。原因就在于居民身边有回收大军，这些人始终不停地翻捡垃圾桶中的垃圾，即使是许多低价值的塑料制品也仍然会被回收，而影响垃圾回收率的一个主要因素在于可回收物是否和其他垃圾混合，特别是是否被厨余垃圾（湿垃圾）所污染。所以后来有些人的做法是，把厨余垃圾单独放在一个袋中，把能卖废品的垃圾都放在另一个袋中。这样的实践每个人都可以尝试，不仅有实际意义，还可以说明进行简单的家庭垃圾分类并没有想象中那样困难。

目前围绕着垃圾问题，政府和公众的责任还不太明确。垃圾到了末端处理阶段基本上应是市政管理和技术专家的工作，但面对公众的一些质疑，有时政府可能需要普通居民提出解决问题的方案或替代方案，而许多普通居民也确实花了不少力气去做这件本应由政府和专家做的事。在垃圾刚刚产生的阶段，能不能做到分类和每个家庭的意愿和行为有关，如果公众只强调政府责任，而不愿自己付诸行动，也会拖延解决问题的时间。

第二章

社区垃圾分类的方法与技术

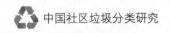

第一节　社区垃圾分类的关键要素分析

垃圾工作(包括垃圾不落地、垃圾减量、垃圾分类)不仅是环保工作,更是一项社区工作和社会工作。从这个层面看,垃圾减量与分类在本质上是一种大规模的公众教育,但其落实又需要最切实的硬件和系统保障。

其落实需要公众不仅在理念上理解和接受,还能改变自己的行为习惯,并长期坚持下去;需要社区为居民提供较为完善的投放服务,以及良好的社区管理;需要政府建立清晰的垃圾处理链条,不仅有完善的后端处置设施,有流畅的垃圾收运体系,并且这个体系要向社会开放、接受公众监督,这样,最终才能获得公众的信任;需要政府各个部门之间密切配合、团结合作,如法制部门、财政部门、环保部门、社会宣传部门、垃圾管理部门之间紧密合作。

垃圾分类的复杂性体现在它既是教育,又是宣传;既是理念转化,又是行为改变;既与公众的个体行为相连,又与社会文明息息相关。

因此,任何希望借由社会上的单个部门来推动垃圾问题解决的想法都是理想的和不切实际的。单靠政府、单靠社区或单靠公众的个体行为,都无法带来真正的改变。但是,这几种主体在各个环节中都十分重要,所有的利益相关者必须形成合力才可能取得垃圾分类的成效;同时,要维持任何阶段取得的点滴效果,更需要各个部门的持续发力和紧密合作。

从20世纪90年代中期开始,我国就开始在部分大城市开展垃圾分类工作,但长期进展甚微,可能与“单部门推动,没有形成社会合力”的状态有关。

传统上,政府层面推动垃圾分类所采取的方法,主要是在社区进行大量的硬件投入,给居民家庭发放分类桶和垃圾袋,由社区承担宣传、普及的任务,并组织志愿者进行宣传和监督。由政府投入整个成本,社区则被动接受任务。当政府完成投资,宣传高潮结束,居民的分类行为则缺乏持续有效的督促,垃圾分类的效果甚微,直至没有。已推行过垃圾分类而且有工作效果的小区，是请专门的“分拣员”代为分拣的，而垃圾分类不再是居民的自主行为，居民所承担的“公民教育、让公民承担责任”的社会意义由此丧失。

新时期的垃圾分类要取得社会效应，必须改变传统社区工作的被动、单打独斗、“运动式”的特点，要创造新的工作方法和技术，适应新时代、新社区的需要。需要建设的，不仅是垃圾分类减量的工作系统，更是一个全新的社会信任系统。这个系统的基本要素主要是社会信任和社会共识。

一、社会信任

垃圾分类中的最大的问题就是谁都不信任谁。政府不信任民众，认为民众如果不听政府的宣传教育，不可能做好垃圾分类；民众不信任政府，认为自己分好的垃圾到政府那边又混合到一起；社区不信任政府可以持续给予支持，政府不相信社区有做好垃圾分类的能力和意愿；政府内，这个部门不信任那个部门；社区里，居民委员会（简称居委会）不信任物业公司，物业公司不信任业主委员会（简称业委会），业委会不信任居民。

产生信任危机的最重要的原因在于：长期以来，垃圾分类的方法不断变化，一个城市没有形成居民可信任和可持续的操作方法，未使民众方便记忆、方便分类。

市容环境卫生部门（简称市容环卫部门）需要为不断变化的方法修建更多的硬件，基层组织要对居民开展一轮又一轮的教育，居民要一次又一次地记忆和适应新的操作方法。由此带来的资源浪费与知识混淆，无疑也给基层执行者带来难处。

二、社会共识

在这个越来越原子化和多元化的社会里，每个人都生活在自己的价值观里，“共识”成了稀缺物品。在社区里，人们因为利益关系或价值观，会对同一件事有多元化的表达。比如，在一个小区里，把垃圾桶放在哪个位置往往最容易引起争论。大多数居民会考虑到方便投放的需求，住在附近的居民则会考虑到气味的影响，物业公司会考虑到清运是否方便，建设部门则会考虑到附近是否有上水或下水管道。

若在一个有完整组织的小区，会有小区的组织如业委会或居民小组站出来，组织居民进行一轮轮讨论，逐渐形成社区共识，确定垃圾桶的放置位置。但当前的情况是，社区有影响力的力量或组织很少，居委会往往只能代表部分中老年群体的利益，业委会不是选不出，就是选出来以后得不到足够的民意认可。无论是谁出来主持讨论都会被攻击，无论是谁的立场都会被认为背后有利益瓜葛。结果是，所有的意见都只是意见。在一些社区里，垃圾桶摆在哪里的问题达不成共识，将直接导致垃圾分类无法推动。

因此，当社区作为垃圾分类的主体时，其面临的首要困难不是如何宣传、动员，而是社区没有能力调动起整个社会资源来为垃圾分类服务。社区垃圾分类获得成功的关键，在于以下3个方面：

1. 意愿

垃圾分类是一项时间长、投入大的工作，一旦开始便需要长期坚持。在很大程度上，社区的意愿来自政府的要求、支持和关怀，因此政府对垃圾分类的决心和投入至关重要。当关于垃圾分类的法律制度逐步建立，政府的要求具有强制性时，社区对垃圾分类和减量的意愿则会相应增强，那么社区就会投入大量的时间和精力致力于此。

2. 能力

能力包括社区动员能力、宣传能力、资源调动能力、人员协调能力。仅仅依靠目前的工作方法，社区是没有办法对各个层面的人尤其是中青年进行动员的，也没有办法协调和理顺垃圾分类利益相关者之间的关系。

3. 资源

垃圾分类需要各个部门的投入，社区也需配备相应的资源，比如部分硬件、志愿者、社区社会组织、所在地企事业单位的配合等。这些资源都需要社区有能力去争取和协调。

开展城市垃圾分类工作，不仅需要市容环卫部门或城市管理部门(简称城管部门)在垃圾处理设施方面进行建设，需要宣传部门开展全面且有针对性的宣传，更需要直接对接社区的街道部门如城管科等，专门支持或辅导基层社区开展垃圾分类工作。当然，街道也可以把这些工作让渡给其他更擅长此道的社会组织来做，自己只要提供足够的支持就可以。

政府部门或社会组织对社区的协助,需要从意愿、能力和资源3方面展开,让社区拥有做垃圾分类的动机和动力。在能力上,对社区进行培训或辅导,为其提供资源,或者帮助社区提升争取资源的能力。只有这样,才能真正发挥杠杆效应,撬动垃圾分类的关键。

垃圾分类减量是一个社会系统工程,社区工作带来的社会效应不仅在于垃圾减量或分类,还在于社区建设是中国目前宏大的社会建设的一部分,是社会建设的具体落脚点和着眼点。垃圾分类会带来最大范围的公众参与,因为垃圾问题是最大公约数,每个人都会遇到,由它带来的公众参与是最多人的参与。

第二节　社区垃圾分类的一般流程与方法

长期的探索发现,在一个全新的社区内成功开展垃圾分类是有方法可循的。一个社区的工作要有成效,是有一些条件的。这个条件就是整个垃圾收运处理系统的完善。所以,在确定要参与一个社区的垃圾分类之前,必须先了解该社区所在的区或城市是否已经具备了比较完整的垃圾收运处理系统。如果还没有,则不建议在社区开展大规模的垃圾分类,但可以开展单项回收,比如有害垃圾回收、可回收物回收等。这种判断方法被称为"后端决定前端",即后端处理系统能处理什么,前端的社区就分出什么。

一个社区的垃圾分类工作,一般要开展半年左右,然后才逐步进入到稳定维持的阶段。在实践中,该方法被叫作"三期十步法"。"三期"指的是导入期、执行期、维持期。其中"导入期"是正式分类之前进行准备的时间,一般为2—3个月,包括社区调研、垃圾分类工作指导小组成立、硬件配备、宣传动员和培训这5步。前期准备时间越长、越充分,后期的分类效果就越好。"执行期"主要有志愿者值班、例会制度与评估总结这3步。"维持期"包括制度建设和成果保持。"三期"分别代表着社区开展垃圾分类工作的不同内容与进展时间节点,"十步"则代表着社区有序化、细致化地推进垃圾分类的各项工作。

一、导入期

(一)社区调研

1. 调研的目的

由于人人都要产生垃圾,因此垃圾分类不同于其他社区工作,垃圾分类没有针对性的服务人群,也不存在特定的社会福利;更因为其普适性,在垃圾分类工作开展之前,通常需要对社区内的卫生清理、垃圾清运情况以及业主对垃圾分类的认知程度进行全面调研,从而了解社区内的潜在问题和大多数业主对垃圾分类的态度，同时也就垃圾分类知识和理念进行初步宣传，为后续工作奠定基础。

2. 调研的内容和方法

调研的内容和方法是向社区业主发放《小区垃圾分类业主征询函》和《垃圾分类调查问卷》。其主要目的是征询业主意愿，了解业主对垃圾分类知识的知晓率以及征集业主对该工作的具体意见和建议，之后，通过统计多方面的信息，整理出社区垃圾分类的群众基础，并将信息及时反馈给业主。另外，针对社区卫生清理等的管理现状，采用称量、不定期探访等实地记录和观察的方法，与业主的调研结果结合起来分析。在之后的操作中，可根据社区的不同情况和需求，酌情调整工作的整体进度和规划。

（二）垃圾分类工作指导小组成立

1. 成立垃圾分类工作指导小组的意义

目前，社区内缺少垃圾分类对应的服务人员，还需要依靠社区的“三驾马车”推动垃圾分类工作的有序开展，但“九龙治废”的难点正在于此，垃圾分类系统的相关利益方较多，比如社区卫生的工作责任落在居委会，垃圾厢房和保洁人员的管理则在物业，街道等上级部门的支持与规划也在不同程度上影响垃圾分类工作的开展。所以，一个集合了社区利益相关方的指导小组的成立，能有效开展各项工作，并对各方形成监督和约束。

2. 垃圾分类工作指导小组的成员

指导小组的成员一般由居委会书记、居委会主任、居委会卫生主任、物业经理、业委会主任、部分业主代表组成，人数宜在6—8人，可根据社区的实际情况进行调整。

（三）硬件配备

1. 硬件改造

硬件改造主要针对垃圾投放点即垃圾厢房的改造。各个社区原有垃圾投放点的设置不尽相同。针对原有的集中式垃圾厢房，建议街道市容环境卫生管理所和物业进行配件安装，方便业主在垃圾分类后的投放；针对采用临时投放点的社区，应启动参与式的业主会议，根据社区的地形、业主偏好和垃圾分类对投放点的要求等进行多方面的探讨，以寻求一个多方认可并可付诸实践的修改方案。

2. 硬件管理标准的确定

进行投放点改造时，指导小组要及时监督和反馈，同时需要讨论并制定出关于投放点的管理标准，其中包括洁净度、配件是否正常使用、相关奖惩制度等细则。管理标准的制定有利于维护投放点的正常运作，避免在硬件的修缮上产生反复的情况，造成人力和资金的浪费。

3. 硬件的软宣传

对投放点进行分类划区，通过张贴标志，在视觉上规范区域内硬件的使用功能，尤其要标明各种分类垃圾桶的摆放位置，杜绝错放和乱放。

（四）宣传动员

1. 平面宣传动员

平面宣传包括海报张贴、横幅悬挂、黑板报展示、电子屏播放、宣传册发放等形式。具体宣传形式和内容应根据社区的具体情况确定。

2. 立体宣传动员

立体宣传包括广播与巡逻喇叭播放、各类培训会议的开展等针对业主的宣传模式。通过立体宣传，将垃圾分类的知识和实操内容传播给业主。

（五）培训

1. 培训的目的

社区的垃圾分类工作在各地开展多年，但很多时候容易形成雷声大雨点小的尴尬局面，这主要与缺乏有效、合理的工作流程和项目实施者对垃圾分类知识、实际操作的了解匮乏有较大关系。可通过培训即面对面的讲解和多媒体展示，使社区学习并理解相关的知识与操作内容。

2. 垃圾分类工作指导小组培训

指导小组是推动和维系持续的垃圾分类工作的主心骨。除了普及垃圾分类知识之外，在指导小组的培训中还需强化对工作流程和开展方式的指导，使社区能快速掌握工作要领，方便社区内各项工作的顺利进行。

3. 物业及保洁人员培训

物业与保洁人员是保证垃圾分类的后盾，除了普适的知识培训外，对投放点管理标准的指导和进行实操，将有效保证硬件改造效果的维持，且通过保洁人员的初步二次分拣,可辅助提高业主的垃圾分类率,进一步促进业主的自主分类。

4. 志愿者培训

社区所在地的志愿者是垃圾分类的倡导者,对他们的培训应着重于垃圾分类知识方面,比如进行垃圾分类的原因、垃圾分类的现状、如何进行垃圾分类等内容,通过多角度的演示,使志愿者能深入理解垃圾分类的重要性和紧迫性。另一方面,志愿者作为业主,以模范带头作用感染和影响更多业主参与垃圾分类,将提高社区的参与积极性。

5. 业主培训

社区业主的培训形式可根据实际情况灵活变动。一般采用发桶的形式。发桶即发放垃圾桶,是面对面跟业主进行宣传沟通的最佳途径。把发放垃圾桶变成一个仪式,让所有业主都知晓和参与此事。发桶也是导入期中的关键节点,它预示着垃圾分类将步入下一阶段,业主要正式开始垃圾分类了。

二、执行期

(一) 志愿者值班

1. 志愿者值班模式

志愿者的值班是执行期内最重要的工作。志愿者定时定点守在投放点旁,对前来投放垃圾的业主进行直接引导和宣传,能及时纠正和鼓励业主的分类行为,增强业主的分类意识。志愿者的值班时间一般安排在社区投放垃圾的高峰时段,为期2个月,每个投放点配备2名志愿者。志愿者需统一着装或佩戴相应标志,规范操作,观察前来投放垃圾的业主的分类状况,言传身教地帮助业主完善分类工作。

2. 志愿者值班的难点与解决方案

在志愿者值班的过程中会遇到许多问题,比如志愿者爽约,或业主不配合等。由于志愿者参与值班为爱心奉献,一般参与者都对社区抱着极大的归属感,甚少出现爽约情况,但简化或缩短值班时间的情况偶有发生,原因是一些志愿者因家庭事由无法兑现志愿时间。面对此情况,一般会在值班安排之初准备两套方案,配备机动人员,以保证志愿引导工作的顺畅进行。业主的不配合是垃圾分类工作中最大的难点,但不配合不意味着所有业主的消极参与。就社区经验来看,过半数的业主在经过前期大量、细致的宣教后,能自觉做到分类投放。但还有相当数量的业主,在志愿者的引导下改变投放行为的过程较长。同时,也存在少数完全抵抗垃圾分类的业主,这些业主通常是因对社区其他工作不满而将不满情绪发泄到垃圾分类上。对此,志愿者可与居委会、物业和业委会共同探讨解决方案,改善业主与社区之间的矛盾。

(二)例会制度

1. 开例会的意义

垃圾分类工作的开展是一项只有前进、不可倒退的工作。大多数业主养成分类投放垃圾的习惯需要一段较长的时间,所以需要及时梳理和解决其中产生的问题和波折,以免聚沙成塔,形成顽疾,削弱了前期的努力。所以,定期例会是垃圾分类工作持续、稳定开展的有力保障。

2. 例会的一般模式

例会主要分为指导小组例会与志愿者小组例会。指导小组例会可按工作进展的平稳度从周例会递减为月例会,但例会需长期保持,形成例会讨论制度。志愿者例会在开展志愿者值班模式的2个月中,每2周开1次,后续可按实际情况不定期开。

(三)评估总结

1. 项目评估

待志愿者值班结束后,对社区垃圾分类工作的效果进行评估。以社区混合垃圾的减量率、分类垃圾的分类率、硬件设施的使用情况、业主的回访采集信息作为主要评估内容,与分类进行前与进行中的情况进行比对,分析成果与问题,为进入维持期打下坚实基础。

2. 项目总结

在执行期结束后,进行总结和表彰,让业主了解社区在垃圾分类中做出的努力与取得的成效,同时对优秀的志愿者与积极参与的业主进行表彰,以此激励业主强化垃圾分类行为,并以垃圾分类为起点,鼓励业主更多地投入到社区的其他建设中来。

三、维持期

（一）制度建设

1. 制度建设的意义

维持期的展开，一方面意味着密集宣传与引导的减退，另一方面也表明垃圾分类进入自循环的阶段。自循环是指社区将减少外部力量的支持，依靠建立的一系列管理制度规范化操作和运行，使垃圾分类工作能在健康的环境中稳中有序地持续开展，并逐步增加分类垃圾细类，强化业主的卫生环保意识。

2. 制度建设与执行

在导入期制定的硬件管理基础上，修订并增添软件管理方面的内容，充实并形成一套社区自治的垃圾分类工作守则，明确各方的权利与义务，互相激励与监督，尤其是对此工作的补贴或物质奖励的发放务必做到公开透明、合理合法。

（二）成果保持

1. 成果保持的力量

成果保持主要依靠两股力量，一股是物业保洁人员坚持环境卫生标准，另一股则是志愿者小组通过商讨制订出后续巡逻方案，并依据社区实情进行不定期的值班，巩固垃圾分类的成果。

2. 成果保持的难点

垃圾分类进入常态化后，虽然自循环已初步建立，但其循环体系间链接的维系则需依靠指导小组的不间断关注。成果保持中最大的难点便是如何从政府和市场角度出发，保持社区基层干部的积极性和热情。要解决这一难点，需要进行更多的探索与尝试，以逐步走出一条具中国城市特色的社区垃圾分类之路。

第三节　社区垃圾分类的核心任务——让社区承担责任

一、社区垃圾分类的特性

垃圾分类是一项非常独特的社区工作，是深层的社会动员，是“只有开始没有结束”的工作。对垃圾分类的独特性理解得越深，就越能抓住垃圾分类在社区工作中的本质。社区垃圾分类具有以下特性：

（一）长链条、多部门合作

垃圾分类事虽小，但从产生到处理的链条很长，涉及较多社会部门，如居民家庭、小区管理者（居委会、业委会、物业）、市容部门、环保部门、垃圾终端处理部门，还有妇女联合会（简称妇联）、精神文明建设指导委员会办公室、市政管理部门、团委、教育部门等。这样一项涉及多部门的工作，如果其中某些链条断掉，就很难形成整体效应，工作甚至常常以失败告终。上海、北京等城市在十几年里数次开展垃圾分类工作，但均以失败告终，其根本原因则是各部门之间无法联动，没有形成系统产业链。

（二）必须人人参与

同其他不用涉及每家每户的社区工作不同，垃圾分类是要每个家庭，甚至每个家庭成员都要参与的事。

（三）具有内在强制性

垃圾分类表面上是自愿工作，本质上却具有强制性。如果小区里这一部分人做了，另一部分人没做，就达不到垃圾分类的效果。因为社区并不会为垃圾处理配备两套方案：一套分类的方案，一套不分类的方案。所以，如果一部分居民不分类，那就意味着要由社区去承担这部分“不作为者”的后果，即要由保洁人员去做二次分拣。保洁人员的这一工作，在短期内可以由政府来补贴，相当于政府为“不作为者”买单。但政府能否长期买单？答案是否定的。那么这一成本就转嫁到了社区，而社区的经费来自每个住户，这就涉及公平问题。那么，最终反而是做了垃圾分类的人为未做垃圾分类的人买了单。

（四）垃圾分类有利益相关方

垃圾分类最重要的“战场”在社区，政府部门、NGO或企业都是协助者和推动者，社区的所在地组织才是最根本的依靠。在社区（居民小区）里，垃圾分类的核心利益相关方有：居民、社区管理者和志愿者团队（图2-1）。

图2-1　社区垃圾分类的利益相关方

1. 社区管理者

社区管理者通常被称为“三驾马车”，包括居委会、业委会和物业，三者各司其职，充分互动，形成合力，就能保证垃圾分类取得成效。

2. 志愿者团队

志愿者团队来自居民中的党员或积极分子，是垃圾分类工作开展之后的宣传和监督的执行主体。

3. 居民

居民是垃圾分类的执行主体。

二、社区垃圾分类的最终责任人

利益相关方较多会带来一个问题：垃圾分类，到底谁是最终责任人？

2014年出台的《上海市促进生活垃圾分类减量办法》中，对社区各方的责任有如下认定：第八条明确表示任何单位和个人都应当履行生活垃圾分类减量的义务,共同维护良好的城市环境。第十七条则表示住宅小区由业主委托物业服务企业实施物业管理的,物业服务企业为责任人;由业主自行实施物业管理的,业主为责任人;未实行物业管理的,由乡(镇)人民政府或者街道办事处确定责任人。

虽然《上海市促进生活垃圾分类减量办法》把物业认定为垃圾投放管理责任人,但对此的争论仍然较多,主要的疑惑在于物业是否有能力来承担这个角色。目前,上海的社区普遍存在的情况是:物业费偏低,物业费收缴困难,物业企业多处在简单维持甚至难以为继的状态。在此生存状态下,加上垃圾分类的要求会加重物业的负担。如一个市容部门的官员所说:“这样物业就不好干了。说实话,按照现在物业的情况,物业费涨不上去,物业怨声载道。物业作为企业,说不干就不干了。真因为这一点处罚企业也不现实。”

垃圾分类其实更多的是一种宣传教育。开展垃圾分类工作,需要投入很大力量在宣传、倡导、教育上,而上海出台的《上海市促进生活垃圾分类减量办法》并没有在这方面指定相应的负责部门。在基层实践中,社区的宣传动员主要依靠居委会进行,居委会发动和带领志愿者,甚至推动物业和业委会来参与这些事。垃圾分类“只有开始,没有结束”,需要居委会长期、持续地开展这样的宣传教育工作。可是,垃圾分类并没有被政府列入基础性工作,居委会没有进行长期宣传教育的责任,也缺乏相关的资金配给和人力资源。因此,居委会经过几个月的风暴式宣传后,便逐渐沉寂;居民行为因为缺乏长期跟进和监督,很快回落,一切回到原点。所以,很多垃圾分类做得好的小区有一个特点:小区是居委会十分负责的老式小区,居委会可以长期跟进、持续宣传,不断推动物业的工作,保证垃圾分类成果。

除此之外,居民自治工作突出的小区,在垃圾分类上也容易成功。业委会如能很好地理解垃圾分类的意义,愿意承担垃圾分类的主体责任,就可以要求物业做好相关工作。所以,业委会是一股非常重要的力量。但遗憾的是,在北京、上海等城市的社区里,业委会能够顺利地成立且正常运作下去就已不易,让其承担垃圾分类这样的社会责任,则很有难度。

(一) 谁是责任人

那么,在社区的垃圾分类中,到底谁是真正的责任人呢?

在有条件的社区,成立由居委会、物业、业委会组成的垃圾分类工作指导小组,由这个指导小组长期推动垃圾分类。同时,要把垃圾分类分别纳入居委会、物业和业委会的日常工作中,长期贯彻落实。

而在一些群众基础特别好的小区,也可以有另外的选择。比如,上海市普陀区樱花苑的垃圾分类工作开展1年多后,出现了一些很核心的志愿者,居委会因势利导,组成了一支8个人的垃圾分类志愿者小组,由这个小组负责推动、监督小区的垃圾分类工作。小组每天都要对小区的垃圾分类工作进行检查和报告,居委会则提供给小组小额的工作经费。这是一个比较成功的案例。

(二)为自己产生的垃圾负责

从根本上来说,每个居民都要对自己产生的垃圾负责。社区承担的始终是动员和管理的职能,为居民创造条件、打造平台。垃圾分类的真正责任人,应该是也必须是居民,即每个居民自身。

在社区里,当被问及为什么要进行垃圾分类时,“为了环境保护”“为了子孙后代”“这是每个人应该做的”是通常的回答。居民进行垃圾分类的动力究竟来自何处?是市民自觉、素质高?还是对其行为进行的奖励或者惩罚?有人无论如何也不愿意进行垃圾分类时该怎么办?

目前,上海已经在探索和建立垃圾分类的奖惩机制。在上海,市政府颁布了法律法规来促进生活垃圾的分类,但执法的难度很大,成本很高。相关法律法规发布3个月来,尚未有1例惩罚案例。

2014年,上海市政府在4个区推动激励居民进行分类的“绿色账户”模式,只要居民分类正确,扫描专用卡后,每次产生的激励资金就会自动进入联网的银行卡内,居民可以得到现金奖励,也可以得到各种商品优惠券和打折券。这种卡已经在上海市静安区的社区里办理和使用。

但是,这些奖惩手段的执行都需要投入社会成本。有没有更便捷的利益机制,类似中国台北市的“随袋征收”制度或德国的“绿点”制度来吸引公众参与,从而促进公众意识提升呢?这些,或许都需要强有力的媒体舆论环境来支撑。通过大量的公众媒体传播垃圾减量与分类的观念,需要公众人物或政治人物站出来,公开且高调地倡导垃圾减量与分类,以推进整个社会形成舆论。

（三）垃圾收费制度——我的垃圾我负责，推动垃圾收费制度

一直以来，上海居民的生活垃圾是由政府免费清运的。居民对此已经形成依赖，甚至形成这样的观念：反正不要钱，随便扔，扔多少都没关系。在免费的前提下，很难对居民投放垃圾的行为进行奖惩。比如说，你分类分得好，可以减免你的垃圾费；你分得不好，可以增加你或者整个社区的垃圾费等。类似的举措很难落实。

在环保领域内，"生产者付费""谁污染谁付费"的社会共识在逐渐形成。垃圾作为一种公共环境产物，一旦产生，就会在几年到几十年间对城市环境产生影响。那么，产生垃圾的个体，也就负有为环境责任买单的义务。要树立"我的垃圾我负责"的意识，按照"多产生者多付"的原则，逐步推进居民生活垃圾付费制度。

垃圾收费，居民一定会有很多抱怨，但免费并不意味着对大家好。从根本上说，政府的钱都来自纳税人，用于处理垃圾的资金多了，势必就挤占了公共财政开支。理念的形成，需要长期的宣传和引导，需要政府敢于向公众坦承目前面临的困难和危机，并在操作上公开、透明，以逐步取得公众的信任。

附：

行为改变研究中的11个要素

复旦大学可持续行为研究小组(SBeRG)

如何改变人们的行为？这一话题吸引了来自许多不同学科的研究者的目光。针对这一问题，心理学、行为研究乃至废弃物管理学等各领域的学者们展开了调研，希望解释哪些因素影响了人们行为的变化。来自复旦大学可持续行为研究小组(SBeRG)的成员，试图将复杂的行为改变影响因素模型提取为全面但易于操作的11个要素，令这些影响因子可以更好地被运用到垃圾分类项目中[1]。

以下罗列的11个要素，是行为改变尤其是在垃圾分类活动中居民行为改变的重要影响因素。若能在项目规划时考虑到这些要素并合理安排，那么在分类活动的推进上将会有更多成功的可能。

(一) 知识(Knowledge)

居民知道分类活动已经在小区内开展了吗？垃圾可以分为哪些类别？居民该如何分类呢？有必要召集志愿者去各家敲敲门，提醒居民垃圾要分类并传递新的分类信息吗？

(二) 技能(Skill)

技能代表垃圾分类的实际能力。居民在实际分类中能够正确操作吗？例如，在要求厨余垃圾除袋投放的小区内，是否需要给居民示范如何简单、快速地进行除袋投放？

(三) 角色定位(Role Classification)

角色定位包括垃圾分类过程中各个主体对自身扮演“角色”的认识。例如，居委会是否认为自己有责任协调垃圾分类工作的各项事务？物业在分类

[1] Michie等研究者(2005)在公共健康领域的类似研究分析给了本研究很多启示，同时相关专家及参与者也认可行为改变模型中的这些要素。

中的工作又包括哪些呢？此外，居民是否确信垃圾分类是自己的责任而非保洁人员的工作？

面对上述疑问，有不少方案可促使大家明确自身的责任。举办“开放空间”活动，吸引各方参与，通过听取有关垃圾分类的信息来使大家加强自身责任意识；或者邀请街道委员会委员前来，与居委会成员共同探讨居委会的定位和垃圾分类的规划。此外，NGO可以给小区参与者提供一份生动的个案研究报告，让大家了解到其他小区是如何成功地说服居民并定位各参与主体的分工的。

（四）对能力的信任（Belief of Capability）

居民认为小区的垃圾分类能取得成功吗？居委会和保洁人员是否相信居民能完成分类？如果回答是否定的，那就需要聆听、谈话，找到否定回答的原因，并认真考虑有哪些方法可以改善这种情况。例如，在居民中分发具有吸引力的宣传册，或组织住户参观垃圾分类示范小区，或向居民展示公共服务部门在垃圾分类项目中的投入——厨余垃圾车、分类垃圾桶等。同时，垃圾厢房的清洁工作给居民一种“新的分类活动”正在开展的印象，通过开展诸如此类的额外活动，也能增强居民对能力的信任。

（五）对结果的信任（Belief of Consequence）

居民会不会认为即便参与到垃圾分类中，厨余垃圾也未必能得到妥善处理？这意味着，他们的努力白白浪费了？如果居民这么认为，那么垃圾分类活动一定没法成功！找到居民产生这种想法的原因，并向他们展示现有的厨余垃圾专用运输工具或以厨余垃圾为原料的堆肥设施等；或者努力向居民说明，一旦开始垃圾分类活动，那么由填埋处理或焚烧产生的污染将大大减少。切身相关的小范围的改变对居民来说更为重要，比如说，由于垃圾分类回收，垃圾站更加整洁了。值得注意的是，无论是分发礼物还是施行小的惩罚措施，都必须保证能长久执行，直到行为成为习惯。

（六）提醒（Reminders）

人人都需要提醒，习惯的养成通常需要60—70天，在此期间尤其如此。利用一切有效的手头资源：黑板报、彩色标志或海报以及宣传画等。研究显示，在居民投放垃圾的高峰时段，安排志愿者在垃圾桶附近协助是十分有效的手段。同时，像撤走不那么干净的三轮车、安置新的公共垃圾桶（尤其是颜色鲜亮的那种)等一系列措施所带来的醒目而持久的变化,也能起到每日提醒的作用。

(七) 动机(Motivation)

居民开始进行垃圾分类的动机各不相同。有些居民受到周围人群的影响,有些居民认为分类可减少污染,或者觉得如果不做会感到不好意思,还有些居民因为可以得到奖励而行动,甚至当他们看到别人努力参与到垃圾分类中去时,自己也愿意尝试。虽然开展垃圾分类活动并不一定能创造某种特定动机产生的氛围,但是项目规划者必须意识到,如果产生的某种消极因素损害了居民分类的积极性(例如居民认为需要购买更多的垃圾袋),那就得有办法尽量减少消极的情绪。此外,如果居民需要更多的鼓励,项目规划者就应当明确相应的重要因素。

(八) 设施与资源(Facilities and Resources)

只在小区安置公共垃圾桶是远远不够的,厨余垃圾桶必须看起来与众不同,同时还得有标签指示。如果垃圾桶的桶盖不干净,居民就不会愿意揭开桶盖投放;如果垃圾桶已满或者看起来很脏,居民也不会想要参与垃圾分类。小区的保洁人员有时间来解决这类问题,使厨余垃圾桶尽量整洁吗?居民在除袋投放垃圾时,能在附近洗手吗?有足够的人员和志愿者来启动、维持垃圾分类项目的运作,并且能够照顾到这11个要素吗?

(九) 社会影响与规范(Social Influence and Norms)

如果居民和居委会认为垃圾分类是自己的分内之事,那么他们会更加乐意接受并参与到项目中。但是,如果他们有其他想法,那么项目规划者就要决定需要强调哪些习俗和规范。是强调志愿者监督,还是强调邻里或者家庭的影响?强调国际范例也是不错的选择,从日本在垃圾分类上取得的成果可见。另一个有力的影响来自目睹旁人的努力(即“辛苦”)。研究发现,在一些小区中,如果居民看见志愿者十分“辛苦”,那么他们也会更积极地参与到垃圾分类中。当然,还有其他的方法来增强社会影响,比如用同样的标语在媒体上进行全市乃至全国的宣传,以强调“我们一起行动”。

(十) 行动计划(Action Planning)

行动计划是想法和行动之间的桥梁,制订项目计划时需要在居委会至居民的不同层面上区分。如果所在小区的工作人员说的比做的多,那么在召开一些会议以商讨并制订计划时，会议的结果必须包括下一步工作的详细计划。对居民来说，行动计划可以直接由上门入户或者值班的志愿者传达，在传达的过程中最好能加上一些模仿动作。首先，居民需要在厨房里再加一个新的垃圾桶——厨余垃圾拿到哪里呢？然后居民必须将厨余垃圾带下楼——一般都是什么时候倒垃圾呢？然后居民要找到厨余垃圾桶——厨余垃圾桶是什么样子的呢？一旦居民脑中开始思考这些过程，他们就很有可能会做到垃圾分类了。

（十一）情感（Emotion）

居民在垃圾分类中产生的任何情绪将会影响到他们的行为。举个例子，脏的垃圾桶盖可能会导致居民产生消极的情绪，居民想到要打开厨余垃圾的袋子也会产生消极的情绪。然而，态度友好并辛苦工作的志愿者可能会对居民的情绪产生积极的影响。项目组织者需要预见到可能产生消极情绪的情况并最大限度地降低消极情绪的影响，施行可能带来积极情绪的措施。需要注意的是，消极的情绪可能会很轻易地导致居民放弃垃圾分类。

除了要考虑到以上一些因素之外，项目组织者还需要对社区的垃圾分类的过去情况和当前情况有所了解。例如，一些居民在之前已经被要求做垃圾分类了，但是他们对不齐全的分类设施感到失望，或者他们之前有过成功的经历，或者他们第一次接触垃圾分类，或者他们接触过一些让他们印象深刻的例子，比如日本爱知世博会上的台湾案例，或者他们可能因刚刚上涨的物业管理费而认为垃圾分类应该是保洁人员的工作。总之，对于项目组织者来说，在做项目计划之前充分了解将要工作的社区至关重要，从中将会了解到居民的初始态度和想法。

以上11个因素也许看起来有点复杂，但是它们是从很多实际经验中总结出来的。在做项目计划之前，如果能仔细地考虑它们，将会给之后的工作省下很多时间。还有一点要强调：不要在没有采访过任何居民或是没有做过任何观察的情况下做出对小区当前形势的假设。例如，你可能认为小区里的每个人都已经知道垃圾分类的项目开始了，但是当你真正在小区里采访过一些居民后，你会得到很多意想不到的答案！

最后，祝愿大家的努力都获得成功！

第三章

社区垃圾分类的系统设计

第一节　垃圾分类系统中的各环节

垃圾分类是一个完整的系统工程,有分类、收集、运输和处理等诸多环节,其中分类环节着实为重头戏,领导且贯穿全系统。目前,生活垃圾的分类类别是:可回收物、厨余垃圾、有害垃圾和其他垃圾。分类的目的就是将废弃物分流处理,利用现有的生产制造能力,回收利用(包括物质利用和能量利用)回收品,填埋处理暂时无法利用的无用垃圾。可以说,收集、运输和处理等环节的基础就是分类。但如果没有后续利用的能力,分类便失去了意义。收集和运输是全系统的中间环节,使垃圾更便于被处理,使分类具有意义。目前多数城市的环卫系统依旧是将垃圾混装运输,这不仅不利于垃圾分类处理,更损害了居民分类的积极性。

垃圾处理环节就是迅速清除垃圾,并对垃圾进行无害化处理,最后对垃圾进行循环利用。该环节是系统运行的终点站,对技术有严格的要求。其原则和目的是无害化、资源化和减量化。垃圾处理的一般方法可概括为物质利用、能量利用和填埋处理3种方法。物质利用,又称物质回收利用,指通过物理转换、化学转换(包括化学改性及热解、气化等热转换)和生物转换(包括微生物转换、昆虫转换和其他动物转换等),实现垃圾物质属性的重复利用、再造利用和再生利用,包括传统的物质资源回收利用和将易腐有机垃圾转换成高品质物质资源。能量利用,又称能量回收利用,指将垃圾的内能转换成热能、电能,包括焚烧发电、供热和热电联产。填埋处理,指对不能进行资源化处理(包括物质利用和能量利用)的无用垃圾进行填埋处理。

如果从垃圾的生命全周期来看,垃圾处理还应包括源头减量与排放控制环节。严格意义上的减量化指源头减量,通过改变产品设计习惯、改变原料采购习惯、改变消费者购买与消费习惯、改变商业模式等,减少生产生活过程中的资源浪费与废弃物产量。一般而言,垃圾处理应坚持分级处理与逐级利用的理念,即先开展源头减量和排放控制,再进行物质利用,然后进行能量利用和最后的填埋处理。协调垃圾处理的各个环节,充分发挥各种垃圾处理方式的作用,尤其要加强分类垃圾的物质利用,减少垃圾的产量,并减少每级处理后的垃圾排放量。

垃圾分类是一个多部门、多层面、多维度的系统工程,要使其能够顺利开展,就要构建垃圾处理的政府和社会共治模式,以政府为核心,积极联系学校、企业和NGO,充分做好科普教育与科技创新示范工作,提高公众认识。同时,吸引社会力量参与,增强行业竞争力,提高垃圾分类、处理设施的建设与营运水平。在此过程中,要重点调动社区的力量,建立正确的管理者责任制,推动社区自治,做到干、湿垃圾分开,并尽快建立垃圾处理服务成本回收机制,推进垃圾处理法治化、社会化、产业化。最后,真正实现社会效益、环境效益和经济效益的统一。

第二节　社区垃圾分类与学校教育实践结合

一、成都根与芽简介

中国三分之二的大、中城市均面临“垃圾围城”的情况，成都市也是其中之一。长安生活垃圾填埋处理中心是成都市的唯一一座生活垃圾填埋场，经过16年的使用，其一期库区已经填满，而二期也于2011年填满，于是成都市政府开始在部分社区试点垃圾分类。2012年，成都市城乡环境综合治理工作领导小组办公室印发《成都市生活垃圾分类收集中期规划纲要》，计划在2015年实现垃圾零填埋，主要以焚烧发电的方式处理生活垃圾；最终目标是在2020年年末初步建立全市生活垃圾分类收运处理体系，实现分类收运体系与再生资源回收体系对接。几年来，成都市的垃圾分类效果并不明显，只有部分小区在试点，居民生活垃圾分类清运和处理体系并未真正建立，垃圾分类停留在非常粗浅的层面。

2009年，成都根与芽（简称“根与芽”）将工作重心由农村转移至城市，从在学校里面开展利乐包的回收教育项目开始，逐渐明确将垃圾问题作为机构的核心工作。机构在分析成都市生活垃圾问题时，认为要解决垃圾问题，需要遵循源头减量、分类处理、末端无害化的原则。生活垃圾产生于每一个人、每一个家庭，因而让公众关注并参与垃圾分类是实现源头减量、分类处理的保障。为提高公众的关注度并促使公众参与，“根与芽”将工作一分为二，一方面深入社区开展项目，为公众参与垃圾减量、分类工作提供渠道；另一方面针对青少年群体，在学校开展以垃圾减量、分类处理为核心的环境教育项目。社区项目和学校教育互相助力、有机结合，更好地推进了垃圾分类的宣传教育工作。

二、垃圾分类教育工作

(一)"循乐童年"项目

由于成都市并没有统一要求各个学校开展垃圾分类教育工作,因此也就没有一套完整的、针对不同学龄阶段的教育方法或课程。机构在调研过程中发现,学校对垃圾分类的教育活动或课程是存在需求的,而且通过学校可以将垃圾分类的知识向学生家长扩散,学生在某种程度上会成为助手,扩大了垃圾分类知识的传播范围。

小学阶段,学生的课业和升学压力与初中和高中阶段相比要小很多,而且这个阶段的学生对于外部世界的好奇心及知识的接受能力非常强。同时,小学阶段也是习惯培养的最佳时期,学生家长和学校都非常支持在学校开展垃圾分类教育项目。通过在学校开展垃圾分类教育项目,一方面,期望通过学生的参与带动家庭的参与,引起全社会的广泛关注;另一方面,期望学生在参与环境教育项目时不仅学习到环保知识和行为,而且能感受到正面、积极的行为所带来的快乐。

基于这样的理念,"根与芽"于2011年策划了一个专门在小学尤其是小学中高年级开展的垃圾分类教育项目——"循乐童年"。最初的"循乐童年"项目只是一门在课堂上开展的课程,更像是一门手工课程,用到的原材料主要为日常生活中的常见废弃物,比如牛奶包装盒、塑料瓶、一次性纸杯等。志愿者将资源节约、循环利用等环保知识融入课程,希望学生在学习手工制作的过程中能够学习到环保知识,在课程中能够体会到资源循环利用的乐趣。从成都市泡桐树小学一个班级的试点来看,学生对这样的课程很感兴趣,在课堂上的参与和互动也很积极,课程受到了老师和学生的青睐。

最初的"循乐童年"项目并不是一门具有系统结构的课程,虽然有环保知识的传递,但知识都很零散。而且,虽然用废弃物进行手工制作能引起学生的兴趣,通过变废为宝也能够延长物品的使用周期,但是因为知识的零散性以及其能延伸到家庭生活的有限性,课程需要进一步改进后才能获得真正的儿童参与、家庭参与、社会关注。

2012年,"根与芽"开始思考如何让课程在具备互动性、趣味性的同时,加强对知识的传播,更加紧密地联系学生的生活,有利于通过学生将资源节约、循环利用、生活垃圾减量和分类等环保知识带回家庭和社区。于是,“根与芽”开始联合学校教育人士、志愿者和环境领域的专家,设计系统的以资源循环利用为主题的儿童环境教育课程——“循乐童年——儿童资源循环利用主题教育课程”(简称“循乐童年”课程)。课程共分8节课,每节课向学生介绍一种常见的家庭生活垃圾,并进行环保艺术手工互动,让学生体验废物改造的乐趣,同时通过课后的社会实践,引导学生关注家庭、社区的垃圾问题。课程将单纯的课堂延伸到家庭和社区,以期达到最好的效果,即家长能和学生一起完成课后实践,比如家庭生活垃圾的干湿分类、小区垃圾现状的观察记录、家庭生活垃圾减量的行动等。

2013年,“循乐童年”课程设计完成后,“根与芽”联系了学校、社区,并招募志愿者开始了课程的实践。课程在学校和社区的实践旨在从实践中发现课程的不足,从而逐步完善课程的内容和形式。2013年,“循乐童年”课程首次在四川大学附属小学3年级的8个班级开课,400多名学生参与,课后回收《家庭有害垃圾问卷》400份。通过统计和检查400份课后问卷发现,学生对家庭有害垃圾基本知识的掌握率在60%以上。

2014年,课程的志愿者讲师队伍中出现了一个高校环保社团。这个社团在接受培训后到小学讲授“循乐童年”课程,社团的大学生们和试点学校的小学生们一起学习和实践垃圾分类。所有开设“循乐童年”课程的学校也在逐步施行垃圾分类,学生将课程所学在校园里实践。

(二)“循乐童年”课程的拓展项目

“循乐童年”课程在实践中一点点改进,囿于人力、财力等各方面主客观因素的影响,课程还在小范围内开设,参与人数也还较少。但目前已通过实践验证了课程的开设在培养学生环保意识和行为上的有效性,并且课程也得到了社会公众的关注。据此,“根与芽”以“循乐童年”课程为基础,衍生了儿童环保剧、循乐爱心资源传递等子项目,以儿童为核心,向公众传播垃圾减量、分类的环保知识。

2014年,“根与芽”自创了一台儿童环保剧,名为《千循百乐》。该儿童剧以四川特有的珍稀保护物种——大熊猫为主要形象,向公众传递珍惜资源、杜绝浪费、垃圾分类等环境保护的知识和理念。儿童剧的演员均由机构征集而来，年龄为5—13岁。从演员招募到剧目公演，每一次活动都通过机构的微信公众号向社会公开，时刻传递环保知识。孩子们的父母甚至祖父母都被动员了起来，也参与到宣传中。剧目上演时，儿童观众只需要拿2个闲置玩具就可以换取1张入场券。玩具经过清洗、整理后被悉数捐给四川藏区的几个偏僻学校，物资循环利用的理念在门票预订的时候就已告知公众。

虽然由“循乐童年”课程衍生出来的儿童环保剧和循乐爱心资源传递等子项目，其直接目标人群是儿童，但也吸引了社会各界的极大关注和参与，有更多的人通过儿童环保剧《千循百乐》开始关注垃圾减量、分类这一话题。在2014年《千循百乐》公演期间，机构募集到闲置玩具582件，加上从2014年开始的闲置玩具回收活动回收的闲置玩具，总共回收闲置玩具2 000余件。在募集和回收闲置玩具活动中，直接参与学生及家长约1 000多位。

“循乐童年”项目也由当初的课程演变为如今的“循乐童年”课程、儿童环保剧、爱心传递3个部分的有机结合。针对儿童垃圾分类教育项目，这3个部分互为补充和支持，并在试点过程中得到了逐渐梳理和完善。

（三）社区垃圾分类与学校教育

垃圾分类的开展，仅有学校教育是完全不够的，学校产生的垃圾数量和种类与家庭日常生活产生的有很大差别，因此“根与芽”开展了大量的社区垃圾分类实践工作：

（1）根据实际情况适当配置干、湿垃圾回收桶，并在回收桶身注明对应的投放内容，提高干垃圾的回收价值。

（2）整合小区资源，将小区“能人”吸纳为生态课堂老师，将干垃圾再创作为装饰品、艺术品，如将包装纸、彩色宣传单制作成钱包，将旧的一次性纸杯制作成墙体装饰花朵，将旧的月饼包装盒制作成钟表，由此传递垃圾分类、资源再利用的方法。

（3）结合成都市居民有在家中种植的习惯，生态课堂利用自制肥料、自制环保清洁剂、用废油来制作肥皂和改良土壤等内容向居民传递具有实用价值的湿垃圾资源化处理方法，并鼓励居民在生活中实践。

（4）根据社区情况增设绿化垃圾公共堆肥区与土壤改良试点区，鼓励居民参与修建、维护、管理过程，并将堆肥设施和生态课堂联系起来，使堆肥设施成为小区居民在公共区域尝试堆肥的实践地。经过堆肥和土壤改良的区域的土质会有所改善，可在合适的位置竖立解说牌。

(5) 引入商业回收公司，回收居民分出来的可回收物并进行资源化处理。

(6) 在社区内部的实践中，高校大学生志愿者参与得非常多。他们通常会以团队的形式，全程参与某一项具体的小项目或活动，比如参与社区生态课堂、节日环保市集等。他们会和工作人员一起讨论工作目标、流程等，并负责现场执行；他们会根据社区内儿童的需求，有针对性地设计一些娱乐性和互动性强的活动，吸引儿童及其家庭的参与。

社区项目的实践结果也会通过收集、整理，成为“循乐童年”课程的内容，如“环境文化微旅行”项目。这一项目将社区中的垃圾分类与垃圾中转站、填埋场和焚烧厂结合起来，组成一个特别的“垃圾旅游”线路，并将路线提供给各年龄段的学生，帮助学生了解垃圾处理的全过程，增进学生对垃圾问题的认识和了解。在这个过程中，学生的家长也积极地参与进来，一些家长由此成为志愿者。

(四) 垃圾分类教育工作的思考

垃圾分类的教育工作非常重要，无论是在很重视垃圾分类的城市，还是在对此尚无认识的城市，这一工作都不能缺位。学校人数多、相对封闭、认知水平和社会关注高，容易开展垃圾分类教育，但是很容易流于形式、无法深入，不容易看到教育内容的实际体现；而社区面临人群复杂、情况复杂等多种不利因素，垃圾分类教育的开展难度比较大。

因此，垃圾分类应该将社区实践和学校教育结合起来。学校教育可以在实现垃圾分类理念传播的基础上，加强对学生的教育，向社区垃圾分类提供人力资源。而社区垃圾分类实践的经验和成果，可以成为学校教育的天然教育内容，可以更加接地气地给学生呈现出现实生活中垃圾分类的不同方面，启发学生更加理性地看待和思考垃圾问题，甚至为垃圾分类出谋划策，贡献自己的力量。

垃圾分类教育的形式也要多样化，既要有知识的传递，也要有参与性和趣味性强的参与方式，以吸引更多人的关注和参与。生搬硬套理论知识或照本宣科，都无法获得很好的效果。

第三节　在社区垃圾分类中引入企业机制

垃圾分类的难点在于吸引居民的参与,而绿色社区氛围的建构对于影响居民的心理认同和行为规范至关重要。目前,参与和探索绿色社区建设的主体呈现多元化的趋势,有地产商、专业回收处理企业、社区NGO等,他们利用各自的优势,开展包含垃圾分类在内的全方位绿色社区建设。

一、绿色地产

以北京万通公益基金会为例。2008年,北京万通公益基金会成立,其以推动环境保护、节能减排,促进人与自然和谐相处为宗旨,资助绿色社区实践。作为资金提供方,上市公司万通地产每年会拿出利润的0.5%,万通集团的非上市公司则拿出利润的1%,捐赠给基金会。在基金会的资助下,万通绿色社区建设包括"绿色饮食""绿色节能""绿色出行"和"资源回收"等多个方面。万通集团还建立了独特的志愿者制度,鼓励员工利用4天公益假期参与绿色社区建设。万通集团通过"绿色社区行动"、万通特色生活节、年度回访及客户答谢会等环节,多维度、多渠道、多形式地传播绿色理念。目前,北京万通中心、万通天竺新新家园、万通龙山逸墅、万通·新界紫藤堡、万通新城国际、万通台北2011、天津万通华府、天津万通生态城新新家园、天津万通上游国际、天津万通金府国际、杭州万通中心等地产项目均参与了"绿色社区行动"。

国内地产界的另一龙头企业——万科集团也在一些开发的楼盘中逐步推广垃圾分类。如位于北京市海淀区的肖家河万科西山庭院,就是万科小区里实行垃圾分类的典范社区。该社区从2006年开始实行垃圾分类,将垃圾分为厨余垃圾、可回收垃圾和其他垃圾3类,对生活垃圾进行分类收集。在这个过程中,万科物业采用垃圾分类教育、经济奖励等措施,实现了厨余垃圾分类回收、堆肥处理，最终实现了约50%的垃圾减量目标，大大减少了垃圾后端处理的压力。

二、资源再生企业

北京市自2000年以来，由资源再生企业牵头，力图重建社区回收体系。不过，这一努力一直面临非正式回收业者的竞争。目前，通过不断的探索和调整，已逐渐形成与非正式回收业者合作的模式。由非正式回收业者租用统一设计的回收亭，在社区就近提供上门回收服务（图3-1）。这一模式与传统的走街串巷的回收模式相比，回收人员相对固定、受控，提高了社区的安全性，也在一定程度上改善了社区回收业者的生活环境。

图3-1　北京市海淀区的社区回收亭

近年来，随着社区管理水平的提高，以及劳动力短缺问题的日渐突出，新兴的再生资源处理企业也在探索新的社区回收体系和模式。例如，上海金桥集团有限公司从电子废弃物回收体系建设起步，向社区综合垃圾分类服务体系扩展，发展了阿拉环保网这一独特的社区回收体系网络平台。通过线上宣传与线下活动相结合，该企业近距离地向消费者传递分类定向投放的理念，并通过阿拉环保卡将经济激励与投放行动直接挂钩（图3-2）。

图3-2　阿拉环保网——社区回收活动线上与线下结合

以从废电池中提炼钴粉为核心业务的格林美股份有限公司也在武汉探索和发展基于社区3R商城式的回收体系，尝试将回收与绿色产品销售结合起来，宣传和推广绿色生活的理念，打造正向与逆向一体化的物流体系(图3-3)。

图3-3　格林美3R商城

第四节　社区垃圾分类与政府的沟通和衔接

毋庸置疑，政府是垃圾分类回收的责任主体，社区垃圾分类离不开政府的支持，社区也需要与政府进行沟通和协调。以“绿色地球”为例来分析社区垃圾分类与政府的沟通和衔接。在政府的支持下，“绿色地球”社区垃圾回收模式形成了政府、企业和社区居民三方合作的治理机制（图3-4）。其中，政府作为社区垃圾回收这一公共服务的提供方，企业（即“绿色地球”）作为服务的供应方，而社区居民则是该项服务的消费者。

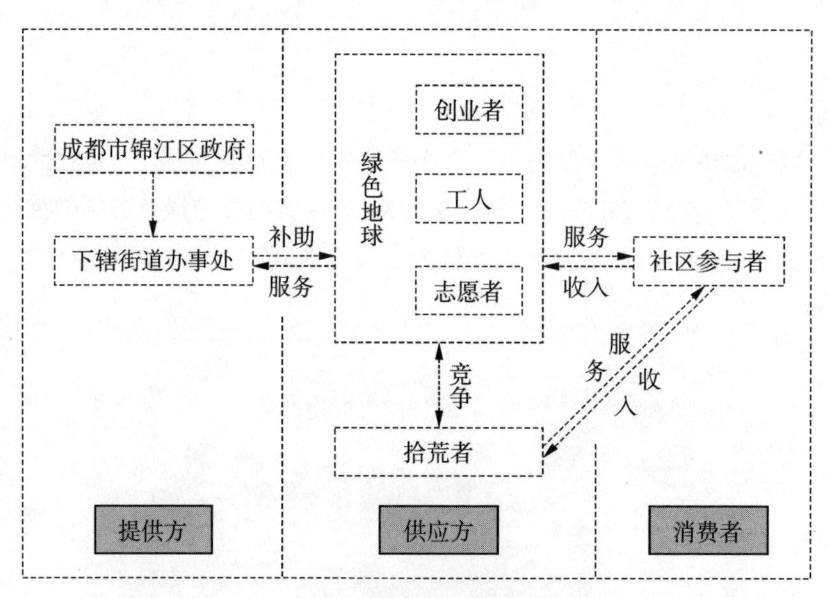

图3-4　“绿色地球”模式的各主体关系图

针对“绿色地球”的整体模式，成都市锦江区政府制订了服务购买方案，即根据“绿色地球”的服务参与者的数量和开始参与的时间来确定所补助的资金的数额。锦江区政府购买“绿色地球”服务的期限为3年，分成3个阶段，第一阶段为2012年，第二阶段为2013年，第三阶段为2014年。购买金额在3个阶段也有不同，第一阶段为每个参与用户提供1年25元的购买资金，第二阶段提供15元，第三阶段提供9元。“绿色地球”将其服务参与者的数量上报给合作的锦江区政府下辖街道办事处，再由街道办事处将政府的购买资金支付给“绿色地球”。但每个阶段的参与者数量都不是固定的，由于不断有新增用户的加入，参与者数量在无规律地不断增加。因此，购买金额的确定与支付实际上要细化到每一个参与用户，即以参与者的注册时间为起点，以此确定参与阶段，在注册之后的1年中，参与者所享有的“绿色地球”服务由政府支付。同时，当1年时间结束后，对该用户所享服务的支付则进入下一阶段，支付金额也会发生变化。由于不同参与者加入的时间不同，实际上对于每个参与者而言，具体的参与阶段也不同。虽然大部分参与者的加入时间都集中在“绿色地球”在社区内进行推广宣传的几天中，然而推广宣传活动结束后，仍会有零星的参与者注册加入，这便使政府支付成了一个庞大、复杂的过程。但通过“绿色地球”的WITAS智能信息系统，可以对每一个用户的信息进行管理和追踪，这也大大降低了政府支付的繁复程度。

锦江区政府下辖街道办事处除了作为政府购买资金的直接支付者，在协调“绿色地球”和居住小区的关系时也起到了重要的作用。当“绿色地球”要发展一个新的居住小区的服务业务时，除了要获得该小区所属的街道办事处的同意，也要经过小区物业的允许。在“绿色地球”进入小区前，居民所丢弃的可回收物对于部分小区的物业而言是一种灰色收入，而“绿色地球”的进入便意味着这种灰色收入的消失，这也使得某些小区物业对“绿色地球”有强烈的排斥心理。街道办事处作为政府的下辖机构有一定的权威性，街道办事处的从中斡旋，也能在一定程度上缓解部分小区物业与“绿色地球”的矛盾。

第五节　社区垃圾分类与基金会的联系

一、北京万通公益基金会简介

北京万通公益基金会成立于2008年4月16日，是在北京市民政局登记注册的非公募基金会。基金会由冯仑先生牵头，由万通投资控股股份有限公司、北京万通地产股份有限公司参与并支持成立，主管单位为北京市科学技术协会。北京万通公益基金会是一家独立运作的企业基金会，由独立的理事会治理，由专职的团队运作管理。

自2009年基金会将工作领域聚焦于生态社区以来，共资助了18家来自北京、天津、成都、杭州、上海、台湾的NGO，在64个城市的社区实践生态社区建设，约20万城市居民受益，共建立了50多个社区居民志愿者小组，骨干志愿者人数达2 181名，开展了环保培训及活动800余场，社区实现节水约7 485吨，节电39 600余度[1]，垃圾减量约116吨，厨余垃圾有机堆肥56吨，共计减少碳排放约100吨。

作为一家资助型基金会，北京万通公益基金会以资助NGO实施城市生态社区项目为主要工作方式。基金会与NGO是一种陪伴式互助的伙伴关系，基金会为NGO提供城市生态社区项目建设资金、每年2期的参与式能力建设培训（内容包含项目管理和执行、生态社区技术、社区工作方法、工作技能等）、不定期的项目监测以及社区走访指导、项目评估等。2014年，北京万通公益基金会携手10家合作伙伴开始建立城市生态社区支持网络平台，促进NGO在生态社区领域的发声，推动生态社区建设的发展。

[1] 1度电＝1千瓦·时。

二、北京万通公益基金会的“主旋绿”生态社区项目模式

万通的“主旋绿”生态社区项目，目前形成了以生态社区中心为依托，以社区生态环境教育、社区生态技术、社区志愿者参与、社区生态建设研究为项目主要内容的“1+4”完整模式，如图3-5所示。

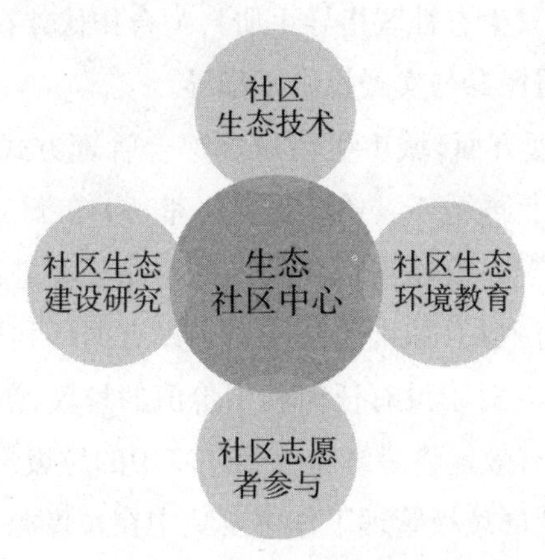

图3-5　“主旋绿”生态社区项目模式

社区生态技术实践遵循“四纵”模式（图3-6），涉及水资源优化利用、社区绿化种植、垃圾综合管理、节能与能源利用。

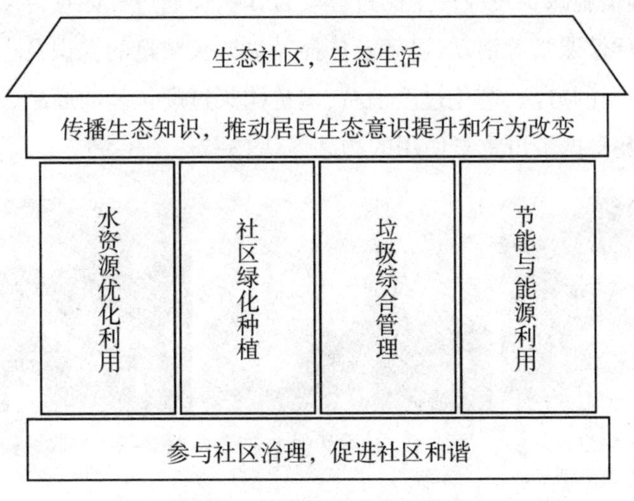

图3-6　社区生态技术示意图

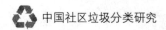

三、北京万通公益基金会的社区垃圾综合管理策略

基金会通过搜索技术文献、考察厂商、拜访专家以及结合合作伙伴的生态社区实践经验，对生态社区建设包含的水、能源、废弃物、绿化种植和社区和谐5个方面的技术进行了综合研究和整理，撰写了《社区生态技术集成》《生态社区行动指南》《生态社区指导手册》，为合作伙伴在社区应用和推广垃圾管理技术以及为居民参与实践提供了指导。

在社区垃圾管理方面，城市生活垃圾综合管理方式遵循优先处理的原则：源头减量、再利用、再循环、热能回收、处理。①在源头上避免垃圾的产生或尽量减少垃圾的产生；②将可以再利用的物品分类进行重复利用；③将有用的资源进行再循环利用（如堆肥）；④对于没有循环利用价值的垃圾，可以通过焚烧回收热能；⑤对于没有任何利用价值的垃圾，进行填埋处理。按照优先处理原则，可以有效地将最终排放到环境中的垃圾量控制到最小。北京万通公益基金会的社区垃圾管理工作主要集中在垃圾源头减量、废旧资源分类重复利用、垃圾分类再循环3个环节。

（一）垃圾源头减量

生活垃圾源头减量是指通过在日常生活中节约资源，尽量避免产生垃圾或采取适当措施减少垃圾产生的过程。合作伙伴通过社区宣传动员、项目启动会、社区环保课堂等活动，讲解及传播垃圾源头减量的知识及小技巧等，如减少厨余垃圾的方法、避免过度消费、避免购买过度包装的商品、避免使用一次性用品、随身携带可重复使用的物品等（图3-7—图3-9）。

图3-7　社区的生活垃圾源头减量宣传动员活动

图3-8　社区环保大讲堂

图3-9　回收经验总结与分享

（二）废旧资源分类重复利用

重复利用主要是指对废旧物品进行修复、翻新，以使其达到重复使用的目的。基金会通过总结资助NGO开展生态社区实践的经验以及社区走访考察等，综合得出重复利用的几种方式，主要有：旧物修复、旧物捐赠、旧物交换以及旧物改造。基金会不仅为合作伙伴提供方法指导及培训，同时也是资源链接者，对接废旧资源提供方和资源需求方。

1. 旧物修复

旧物修复是指将用坏或用旧的物品进行修复，使其可重复使用。

电脑修复再利用：居民将家中不再使用的废旧电脑捐赠给基金会，基金会收集后，将不能再利用的电脑交由正规拆解处理机构进行无害化拆解，将可利用的电脑进行修复后为两所贫困小学建立了电脑教室（图3-10）。

图3-10　北京市怀柔区育才学校再利用修复后的电脑

2. 旧物捐赠

旧物捐赠是指将居民自己不再需要的用品如书籍、衣物、玩具、家具和工艺品等捐赠给有需要的人。

2011年，基金会在杭州市西牌楼社区的项目点与合作伙伴共同努力，建立起了旧物捐赠小屋。社区居民将自家闲置的衣物捐赠到小屋，基金会定期将物资捐给有需要的第三方组织（图3-11）。该举措受到了社区居民的大力支持，也让社区居民认识到旧衣服循环利用的价值和意义。

2013年，合作伙伴又将该模式复制到杭州市下城区文晖街道现代城社区，并利用50万元中央政府资金，在现代城社区安置旧衣回收的“熊猫桶”，实现废旧衣物的垃圾减量（图3-12）。2013年度共回收了800千克旧衣物。

图3-11　西牌楼社区的旧物捐赠小屋

图3-12　现代城社区回收旧衣物的“熊猫桶”

3. 旧物交换

旧物交换一般以在社区举办跳蚤市场的方式，将居民不再需要的物品与别人进行交换或低价转出，各取所需。

自2010年起，基金会在北京市东城区银闸社区项目点于每年3—10月每月都举办1次跳蚤市场活动，鼓励居民将自己家中有再利用价值的废旧物品进行交易（图3-13）。随着活动的持续开展，越来越多的居民开始接受这种

图3-13　居民进行废旧物品交易

低碳且时尚的方式，在加大废旧物品再利用的同时，也丰富了社区居民的文娱生活。

2013年，基金会自主开展北京市东城区史家胡同生态社区实践，建立了一支6人的交换大集居民自组织，共举办了3场交换大集，有1 000多人次参与，交换的闲置物品也达到了1 000多件。2014年，该活动在原来的基础上变得更规范化，且结合垃圾分类回收活动，每2个月开展1次(图3-14)。

图3-14　史家胡同生态社区实践

4. 旧物改造

旧物改造指将用坏的物品或居民不再需要的物品经过简单的改造加工后，使其变成有一定观赏价值或使用价值的物品(图3-15、图3-16)。

2009年，基金会在北京市东城区东四街道项目点开展生态社区实践，在8个社区项目点建立了8支居民志愿者队伍，回收了牛奶等饮料的利乐包软包装1 045千克，并制作了家庭适用的各种日用品。

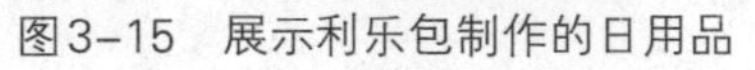
图3-15　展示利乐包制作的日用品　　图3-16　展示用废塑料水桶制作的手工艺品

2013年，基金会在北京市东城区史家胡同项目点建立了一支6人的手工制作居民自组织。基金会开展了10次手工制作培训，居民自主开展了10多次自主制作活动，共计380余人次参与，收集废旧布料30千克，制作出布贴画艺术品200多件。通过这个变废为宝的手工制作平台，邻里交流更密切了，居民也学到了可以自主实践的实用环保方法（图3-17）。

图3-17　史家胡同的手工制作居民自组织

2014年，基金会在上海进行生态社区实践。上海的合作伙伴在具体实践中建立了一支40多人的社区“绿主妇”队伍，收集牛奶等饮料的利乐包软包装，并制作了家庭适用的各种日用品（图3-18）。

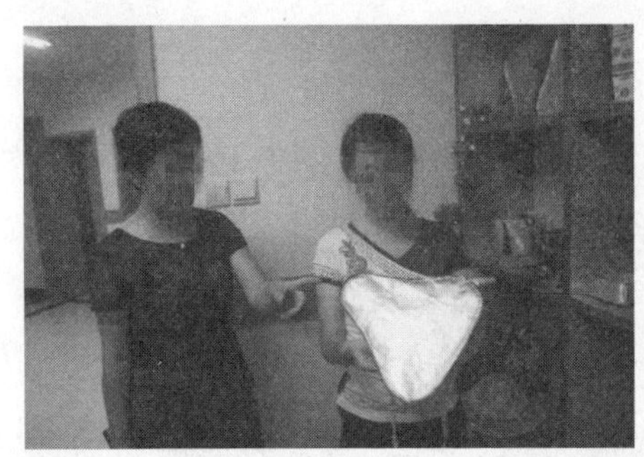

图3-18　上海“绿主妇”

（三）垃圾分类再循环

资源回收是指将具有回收价值的废弃物直接作为原料进行利用或再加工利用。基金会整合的垃圾分类再循环方式主要有建立资源回收体系（包括垃圾智能回收终端系统、资源分类回收箱等）、资源分类回收再利用（废油再利用）等。

1. 垃圾智能回收终端系统

2010年，基金会在北京市东四街道建立起垃圾智能回收终端系统，实现了1户1卡的家庭垃圾减量数据化管理，以“零废弃”会员卡为载体，集中分类回收居民家庭的低价值垃圾资源（主要为废旧无菌软包装和食品塑料外包装）（图3–19）。截至2010年12月，东四街道的8个社区共有2 020户办理了“零废弃”会员卡（后升级为社区生活绿卡），东四街道回收了食品塑料外包装3 500千克，无菌软包装1 045千克，废旧荧光灯管660支。

图3–19　北京市东四街道的垃圾智能回收终端系统

2013年，合作伙伴将此模式辐射到了北京市海淀区马连洼街道的3个社区，有3 000多户办理了“零废弃”会员卡（图3–20）。截至2013年年底，回收食品塑料外包装、无菌软包装1 700多千克；并且该项目带动了海淀区精神文明建设委员会办公室在所辖的24个社区试点用垃圾智能回收终端系统进行垃圾分类回收的模式。

图3–20　马连洼街道的垃圾智能回收终端系统

2014年，基金会推出了“零废弃”会员卡系统的升级版系统——社区生活绿卡垃圾分类回收系统，增加了更多的可回收物品种类，实现了将物品称重后的数据录入电脑系统，大大提高了回收的便捷性与效率。基金会还建立起生态社区资源回收量化数据库，通过联合社区居委会、居民自组织、资源回收公司等利益相关方，在社区分类回收垃圾资源，同时将计量数据转换为积分，依据积分对居民进行奖励。这一实践不仅能让居民了解如何进行垃圾分类，更在行为上促进了居民自主践行垃圾分类，同时也大大提高了社区居民对社区事务的参与度。

北京市史家胡同首次使用垃圾智能回收终端系统进行垃圾回收时，共计70多位居民参与，当天共回收塑料瓶1 178个、报纸及书本铜版纸262千克、易拉罐218个、纸箱纸板90千克、杂塑料16千克、利乐包2千克及杂铁2千克等(图3–21)。居民评价，这样的实践活动很有意义，表示今后会持续支持。该试点将在史家胡同实践1年，之后基金会会总结经验，并向合作伙伴分享经验(图3–21)。

图3–21　史家胡同的垃圾智能回收终端系统

2. 资源分类回收箱

为了促进社区垃圾分类的清晰化和规范化，2009年，基金会自主研发了一组资源回收箱，回收的垃圾主要分为3类：饮料瓶类、纸类、其他塑料类，以促进可再生资源和其他生活垃圾在源头得到有效的分开收集。北京市万科西山庭院物业服务中心在3个园区的出入口增设了资源回收箱，合作伙伴在北京市龙山新新小镇开展了可回收物分类投放的宣传活动，小朋友们纷纷向资源回收箱中分类投放纸类、瓶罐和其他塑料等可回收物(图3–22、图3–23)。

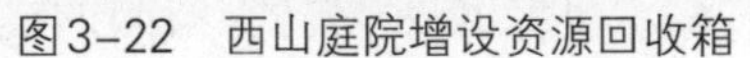

图3-22　西山庭院增设资源回收箱　　图3-23　龙山新新小镇可回收物分类投放

3. 资源分类回收再利用

生态社区回收的资源主要有3种再利用方式：①居民利用其制作环保生活用品或艺术品；②链接第三方需求机构，如旧衣物回收机构等实现再利用；③由合作的资源回收公司依据种类将其送到相应的回收处理厂，进行再循环制作。如废纸经过分类回收后，送到造纸厂进行再循环，生产出再生纸、贺卡和家具等；利乐包经过加工制成板材、座椅等物品。由856个利乐包制作的环保长凳和利用废纸制作的环保笔记本分别如图3-24和图3-25所示。

图3-24　利乐包制作的环保长凳

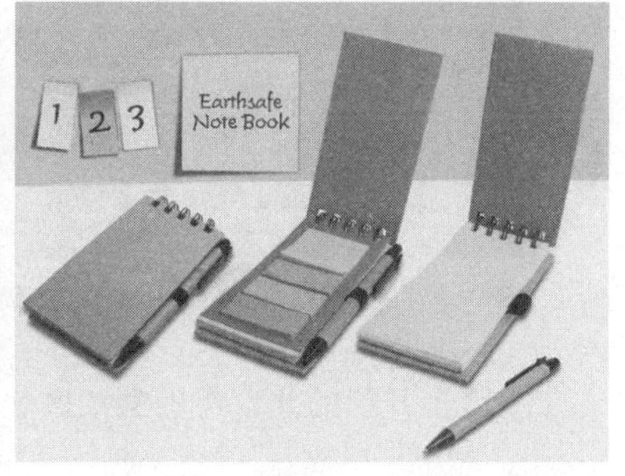

图3-25　废纸制作的环保笔记本

4. 资源再循环——有机垃圾的生化处理

有机垃圾通常包括园林绿化垃圾和厨余垃圾，其中厨余垃圾主要包括菜帮、菜叶、剩菜剩饭、瓜果皮核和废弃食品，这些有机垃圾可以通过处理转化为有机肥。基金会通过实践总结的有机垃圾的生化处理方法主要有：好氧堆肥、厌氧发酵堆肥、蚯蚓消化制肥、社区集中式堆肥处理。下面重点介绍生态社区实践经验丰富的家庭厨余垃圾厌氧发酵堆肥及社区集中式厨余垃圾堆肥处理。

（1）家庭厨余垃圾厌氧发酵堆肥。厨余垃圾在厌氧条件下，经过厌氧微生物的作用，腐熟为有机肥料，渗沥液经过微生物的作用成为液体肥。在生态社区实践中，通过为试点家庭提供1个约19升的堆肥桶以及1袋EM菌粉，让试点家庭利用厨余垃圾堆肥，并将堆肥用于家庭花卉种植及蔬菜种植，该方式得到了很多居民的认可和支持（图3-26）。北京市大兴区香留园的试点家庭自从利用厨余垃圾堆肥后，在庭院里种植植物时就没有买过肥料。

图3-26　大兴区香留园的试点家庭用厨余垃圾堆肥

2013年开展的北京市史家社区生态社区实践，发展了50户试点堆肥家庭。通过记录发现，每户每天约产生1千克厨余垃圾，在将近1年的时间内，50户家庭共处理了约9吨厨余垃圾。通过实践，居民不仅掌握了厨余垃圾堆肥技术，而且居民之间的沟通和交流也日益增进，相对陌生的邻里关系也逐渐融洽（图3-27、图3-28）。

图3-27　居民间交流堆肥经验

图3-28　居民制作的有机肥料用于庭院种植

（2）社区集中式厨余垃圾堆肥处理。社区集中式厨余垃圾堆肥处理是在好氧条件下利用好氧微生物的作用，同时通过加热和搅拌，对大批量餐厨和家庭厨余垃圾进行好氧堆肥处理。相较于用家庭厨余桶堆肥，社区集中式厨余垃圾堆肥处理的堆肥量大，同时沤肥的时间短，能带动更多的社区居民参与。

北京市东城区民安社区的厨余垃圾集中处理案例：经过1年的垃圾分类动员，2012年9月，民安社区正式建立了"绿厨小屋"，安装了1台日处理量为100千克的厨余垃圾处理机，对社区内的厨余垃圾进行资源化、无害化处理。由社区居民在上午7:30—9:30，下午6:30—8:30，将在家中分类后的厨余垃圾投入"绿厨小屋"中的厨余垃圾处理机内，每日定时定点由社区专业志愿者负责记录和管理（图3-29）。2013年，合作伙伴将垃圾智能回收终端系统与用厨余堆肥进行有效结合，实现了居民以刷卡方式投放厨余垃圾。目前共处理厨余垃圾5 000余千克。

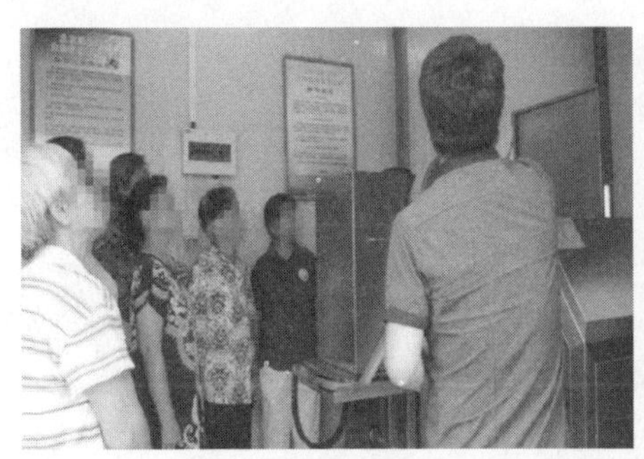

图3-29　东城区民安社区的厨余垃圾集中处理

北京万通公益基金会除了在项目执行期内为社区提供相关的资金支持、技术指导、培训等，在项目结束后，还会为社区中建立起来的志愿者小组提供“主旋绿”生态社区小额资金支持，促进社区居民持续、自发地进行垃圾分类等方面的生态实践，使生态环保行为融入家家户户的日常生活。

第四章

政府关于垃圾分类的基本政策与支持

在解决城市固体废物(简称固废)管理的过程中,我国不断尝试引入正规化的管理体系,在技术和管理方式上也不断借鉴发达国家的模式。然而,一方面,这种做法使得我国的固废管理系统如同发达国家一样,逐渐与生产-消费活动相割裂,并且越来越依靠大规模的资本投入和复杂的处理技术;另一方面,全球范围内所形成的发达国家与发展中国家在固废管理体制上的根本差别,在中国表现为城乡二元化对立下固废管理系统的尴尬现状。固废管理实际上高度依赖非正式经济体系的运行,与固废管理相关的很多经济社会问题很难仅仅通过技术、设施的投入得到有效解决。当前,对社区循环经济体系建设的关注,反映了我国在这种矛盾和困境下的反思、改进和探索,而实践的方向仍深受法律制度的影响。

第一节 基本法律框架

我国的城市生活垃圾管理属于城市固废管理的一部分,经过多年的政策完善,已形成了系统的法律体系。现行的相关法律法规有6个层级:宪法、基本法律、行政法规、部门规章、地方性法规和地方政府规章以及配套政策。

一、宪法

宪法是国家的根本大法,其第26条规定:“国家保护和改善生活环境和生态环境,防治污染和其他公害。”宪法为我国开展固废管理立法工作提供了最基本的法律依据。

二、基本法律

固废管理相关的基本法律,是由全国人民代表大会制定和修改的涉及我国固废管理的规范性文件。我国现行的固废管理相关法律主要有4部:《中华人民共和国环境保护法》(1989年12月26日颁布)、《中华人民共和国固体废物污染环境防治法》(1995年10月30日颁布)、《中华人民共和国清洁生产促进法》(2002年6月29日颁布),以及《中华人民共和国循环经济法》(2008年8月29日颁布)。

三、行政法规

固废管理相关的行政法规是指由国务院制定的有关我国城市生活垃圾分类行政管理的规范性文件。我国现行的固废管理相关行政法规主要有2部,一部是由原建设部(现为国家住房和城乡建设部,简称住建部)牵头起草的《城市市容和环境卫生管理条例》(1992年6月28日颁布),另一部是由原环境保护部(现为国家生态环境部)牵头起草的《废弃电器电子产品回收处理管理条例》(2009年2月25日颁布)。随着城市固废问题的日益突出和城市固废管理的不断深化,2015年9月,中共中央、国务院印发了《生态文明体制改革总体方案》,明确提出"加快建立垃圾强制分类制度"。

四、部门规章

部门规章是国务院各部、委员会等在其职权范围内制定的规范性文件,包括各类办法、规定等,其中有诸多试点试验性的政策文件。我国现行的与固废管理相关的部门规章有很多,包括原建设部制定的《城市生活垃圾管理办法》(2007年颁布)、商务部制定的《再生资源回收管理办法》(2006年颁布)等。

五、地方性法规和地方政府规章

地方性法规是各省、自治区、直辖市和(部分)地级市的人民代表大会及其常务委员会根据宪法、法律和行政法规,结合本行政区域的具体情况制定和发布的适用于本行政区域的规范性文件。如《上海市市容环境卫生管理条例》(2001年颁布)、《广东省城市垃圾管理条例》(2001年颁布)、《济南市城市环境卫生管理条例》(2007年颁布)、《北京市生活垃圾管理条例》(2011年颁布)、《杭州市生活垃圾管理条例》(2015年颁布)、《沈阳市生活垃圾管理条例》(2015年颁布)、《广东省城乡生活垃圾处理条例》(2015年颁布)、《贵阳市建设循环经济生态城市条例》(2004年颁布)、《江苏省循环经济促进条例》(2015年颁布)、《山东省循环经济条例》(2016年颁布)、《襄阳市农村生活垃圾治理条例》(2017年颁布)等。

地方政府规章是由省、自治区、直辖市和设区的市、自治州的人民政府,根据法律、行政法规和本省、自治区、直辖市的地方性法规所制定的规章,通常对上层的法律法规或部门规章进行细化,或者对部门规章规定的试点工作进行自主性的方案安排。大量的具操作性的固废管理工作是在地方政府规章的层面上开展的,例如《海口市城市生活垃圾管理办法》(1996年颁布)、《厦门市城市生活垃圾管理办法》(2004年颁布)、《河南省城市生活垃圾处理管理办法》(2009年颁布)、《厦门市生活垃圾分类和减量管理办法(试行)》(2016年颁布)等。

六、配套政策

配套政策是为法规、规章等做出操作化规定的规范性文件,指导具体工作的开展,包括一系列细则、标准、技术等。这部分规范性文件数量较多,如1997年建设部出台的《城市环境卫生质量标准》,2000年建设部、科学技术部、国家环境保护总局联合颁布的《城市生活垃圾处理及污染防治技术政策》,2004年建设部颁布的《城市生活垃圾分类及其评价标准》,2008年环境保护部和国家质量监督检疫总局联合颁布的《生活垃圾填埋场污染控制标准》等。

在上述法律框架之下,全国层面的社区垃圾分类实践主要是在住建部和生态环境部的管辖下,分别从城市垃圾管理的基础设施和固废处理的环境保护两方面着眼。随着循环经济思想的兴起,社区垃圾分类成为循环经济发展的关键环节之一,产业和商业流通领域的合作也日益迫切。

第二节　管理制度和体制变迁

改革开放以前,在物质稀缺的生活状态下,居民的消费水平低且受收入的约束,居民会尽量延长物品的使用期限,并尽可能循环利用物品,这是当时的一种生活方式。而废品回收作为计划经济体系的一部分,由供销社系统下的再生资源回收体系负责管理,不仅回收类别广泛,而且回收点的覆盖面也较广。由于垃圾产量相对较少,而且垃圾的成分也以易腐物质为主,因此垃圾处理方式以露天堆放为主。改革开放以后,随着经济增长和城市化进程的推进,居民的生活方式出现了急剧变化,垃圾产生量持续快速增加。而与此同时,废品回收业由于利润微薄,已成为国有经济中率先退出的部门,在市场化竞争的压力下,资源再生的社会服务性质逐渐淡化,营利性成为市场选择的主要依据。在这样的体制转变下,城市垃圾管理作为城市化推进过程中公共服务所缺失的内容,其引发的问题日渐突出。

一、城市垃圾管理相关制度

1986年,国务院办公厅批转了《关于处理城市垃圾改善环境卫生面貌的报告》,报告中提出了城市垃圾管理面临的挑战,并将建立有效的固废管理制度提上议程。1987年,国务院办公厅批转了《关于加强城市环境综合整治的报告》,要求"解决好垃圾的堆放、消纳,并大力开展无害化处理和综合利用工作,变害为利"。

以市容卫生为主要关注点,固废管理由此纳入住建部城市环境卫生管理的范围,主要解决资金来源、固废管理服务的提供方式,以及相应的基础设施配套问题。1992年,建设部、全国爱国卫生运动委员会和国家环境保护局发布了《关于解决我国城市生活垃圾问题几点意见的通知》(以下简称《通知》),强调了处理城市生活垃圾的迫切性,明确了城市生活垃圾处理是社会的公益事业。《通知》中特别强调了垃圾处理专项资金不足的问题,“七五”期间用于城市生活垃圾处理的投资达到1亿元,占同期城市维护建设税收入(垃圾处理的主要资金来源)的1.8%,但对解决急剧恶化的“垃圾围城”问题却是杯水车薪。对此,《通知》提出在城市维护建设资金之外,考虑征收垃圾管理费,并提出受益者付费的原则,由“垃圾产生者对垃圾处理承担责任”,企事业单位按量收取生活垃圾清扫、收集、运输和处理费,并逐步向居民征收生活垃圾管理费用。而在服务供给方面,《通知》提出了固废处理服务社会化的设想,要求环境卫生行政主管部门要逐步试行“政、事”“政、企”分开,通过服务外包的方式实现固废管理的专业化、社会化。

在此基础上,1992年8月,《城市市容和环境卫生管理条例》(以下简称《条例》)颁布,以保护环境和无害化为原则,对城市生活固废收集清运处理的具体做法做出了详细的规定。《条例》明确了固废管理的社会化服务导向,鼓励成立环境卫生服务公司,专业运营清扫、收集、运输和处理;同时,对居民的行为责任也做了相应规定,要求一切单位和个人,都应当依照城市人民政府市容环境卫生行政主管部门规定的时间、地点、方式倾倒垃圾、粪便;环境卫生服务公司对垃圾、粪便应当及时清运,并逐步做到垃圾、粪便的无害化处理和综合利用,对城市生活废弃物应当逐步做到分类收集、运输和处理。

1993年,建设部根据《条例》制定并发布了《城市生活垃圾管理办法》(以下简称《办法》),这是我国关于城市生活垃圾管理的首个专项规范文件。《办法》明确了建设部门管理、环境卫生部门监管的政府职能分工,并对居民投放行为做出规定,要求城市居民必须按当地规定的地点、时间和其他要求,将生活垃圾倒入垃圾容器或者指定的生活垃圾场所;城市生活垃圾实行分类、袋装收集的地区,应当按当地规定的分类要求,将生活垃圾装入相应的垃圾袋内后投入垃圾容器或者指定的生活垃圾场所;废旧家具等大件废弃物应当按规定时间投放至指定的收集场所,不得随意投放。同时,正式建立了城市生活垃圾清扫、收集、运输和处理的服务收费制度,由城市市容环境卫生行政主管部门对委托其清扫、收集、运输和处理生活垃圾的单位和个人收取服务费,并逐步向居民征收生活垃圾管理费用;城市生活垃圾的服务收费管理办法由省、自治区、直辖市人民政府制定,所收专款专门用于城市生活垃圾处理设施的维修和建设。

2000年6月，建设部率先在北京、上海、南京、杭州、桂林、广州、深圳、厦门8个城市试点垃圾分类收集。2002年，国家计划委员会等4部门发布了《关于实行城市生活垃圾处理收费制度促进垃圾处理产业化的通知》，推行生活垃圾处理收费制度，将这一收费从行政事业性收费变为经营服务性收费，并为城市生活垃圾处理引入招标机制。

二、固体废物污染防治相关制度

城市生活垃圾处理以服务城市居民为主导，固体废物污染防治则更侧重于环境保护。1989年，全国人民代表大会常务委员会通过了《中华人民共和国环境保护法》，首次将固废管理议题纳入国家法律，其中，第51条明确规定"各级人民政府应当统筹城乡建设污水处理设施及配套管网，固体废物的收集、运输和处置等环境卫生设施，危险废物集中处置设施、场所以及其他环境保护公共设施，并保障其正常运行"。

1995年颁布的《中华人民共和国固体废物污染环境防治法》，提出了固体废物减量化、资源化和无害化的管理原则，并提出了促进清洁生产和循环经济发展的预期性要求。固体废物按工业固废、生活垃圾和危险废物3种类型分别管理。其中，第35条规定了单位和个人的行为责任："任何单位和个人应当遵守城市人民政府环境卫生行政主管部门的规定，在指定的地点倾倒、堆放城市生活垃圾，不得随意扔撒或者堆放。"第37条规定了城市卫生管理部门的收集清运责任，以及垃圾分类的要求："城市生活垃圾应当及时清运，并积极开展合理利用和无害化处置。城市生活垃圾应当逐步做到分类收集、贮存、运输和处置。"但该法对垃圾分类仅仅提供了原则性的指导，并没有提出相应的鼓励或惩戒措施；对垃圾分类和处理的考虑还是局限于固废处理环节，缺少对产品生命周期和居民生活方式的全盘考虑。

2002年颁布的《中华人民共和国清洁生产促进法》，明确了在产品全生命周期内控制污染的思路。2004年，《中华人民共和国固体废物污染环境防治法》修订后的第5条规定："国家对固体废物污染环境防治实行污染者依法负责的原则。产品的生产者、销售者、进口者、使用者对其产生的固体废物依法承担污染防治责任。”该法以法律的形式确认了“谁污染谁治理”的原则，并且在具体的责任主体中体现了生产者责任延伸制的精神。

三、循环经济体系建设

2005年是我国的循环经济元年，国务院发布了《关于加快发展循环经济的若干意见》，指出“再生资源产生环节要大力回收和循环利用各种废旧资源，支持废旧机电产品再制造；建立垃圾分类收集和分选系统，不断完善再生资源回收利用体系”。该文件将废弃物“减量化、再利用、资源化”的循环经济理念正式纳入制度框架，在减量化中提出“城市生活垃圾增长率控制在5%左右”，并将垃圾分类作为循环经济的重点工作内容之一。将社区垃圾分类纳入循环经济体系是从末端固废处理向生产消费全生命周期管理转变的一个重要体现。

在垃圾分类回收的具体落实上，计划经济时期遗留下来的国有物资管理系统再次成为重要的执行部门。2006年，商务部发布了《关于加快再生资源回收体系建设的指导意见》，对接国务院关于节约型社会和循环经济的意见，提出建立回收站点—回收分拣站—集散市场的三级再生资源回收体系，实现分类回收。承接此指导意见，商务部当年还发布了《关于组织开展再生资源回收体系建设试点工作的通知》，选择了4个直辖市和20个省会及省辖市进行再生资源分类回收的试点工作。2009年，商务部再次发布了《关于组织开展第二批再生资源回收体系建设试点工作的通知》，选择了29个城市进行第二批试点。2011年，商务部又下发了《关于开展第三批再生资源回收体系建设试点工作的通知》。2012年，商务部下发了《关于确定第三批再生资源回收体系建设试点城市的通知》，选择了35个城市进行第三批试点。

2008年，《中华人民共和国循环经济促进法》出台，循环经济理念正式进入法律。其中，第41条规定：“县级以上人民政府应当统筹规划建设城乡生活垃圾分类收集和资源化利用设施，建立和完善分类收集和资源化利用体系，提高生活垃圾资源化率。”但在具体实施过程中，现实的城乡差距依然制约着社会回收体系的实际运行，具体表现为：

1. 城乡固废管理安排不同

乡村固废管理如果作为公共服务，往往需要依靠村集体财政。村集体的经济能力在各地存在相当大的差距。一些快速城镇化的地区，规划外的村镇建设用地大幅度增加，而相应的固废管理基础设施建设及资金安排却难以落实，给统筹建设带来巨大挑战。

2. 非正式经济体系活跃

土地权属差异与经济活动的合法性紧密联系。村镇建设用地为非正式经济体系的活动提供空间，非正式经济体系中的从业者也主要是未获得城市居民身份的外来务工人员。这一情况在废品收购行业特别突出。非正式经济体系一方面为城市提供了廉价的社区垃圾分类回收服务，另一方面又为正式经济体系的努力带来强烈的外部竞争。

在废品回收中，公益性与营利性交织，因此管理时既要避免垄断、低效，又要防止恶性竞争，而规范市场是关键。为此，2011年，国务院发布《关于建立完整的先进的废旧商品回收体系的意见》（以下简称《意见》），第一次从中央政府层面提出再生资源回收的专项政策。《意见》提出了建立现代废旧商品回收体系的构想，设立了到2015年主要品种回收率达到70%的回收体系建设目标。此外，《意见》中首次提到了对废旧商品回收项目的土地政策支持："加大对废旧商品回收体系项目的土地政策支持。对列入各地废旧商品回收体系建设规划的重点项目，在符合土地利用总体规划前提下布局和选址，需要进行土地征收和农用地转用的，在土地利用年度计划内优先安排。积极支持利用工业企业存量土地建设废旧商品回收体系项目……完善回收处理网络。鼓励各类投资主体积极参与建设、改造标准化居民固定或流动式废旧商品回收网点，发挥中小企业的优势，整合提升传统回收网络，对拾荒人员实行规范化管理。结合城市生活垃圾收运体系建设，加快建立居民废旧商品分类收集制度。"

2017年4月底，为贯彻落实中共中央、国务院关于建设生态文明、推动绿色循环低碳发展的重大决策部署，根据党的十八届五中全会精神和"十三五"规划纲要的要求，国家发展和改革委员会（简称国家发展改革委）、科学技术部、工业和信息化部、财政部、国土资源部、环境保护部、住建部、水利部、农业农村部、商务部、国务院国有资产监督管理委员会、税务总局、国家统计局、国家林业局共同制定和印发了《循环发展引领行动》，提出了坚持节约资源和保护环境的基本国策，牢固树立节约集约循环利用的资源观，以资源高效和循环利用为核心，大力发展循环经济，强化制度和政策供给，加强科技创新、机制创新和模式创新，激发循环发展新动能，加快形成绿色循环低碳产业体系和城镇循环发展体系，夯实全面建成小康社会的资源基础，构筑源头减量全过程控制的污染防控体系，实现经济社会的绿色转型。

在完善城市循环发展体系方面，《循环发展引领行动》提出基本建立城镇循环发展体系的目标，促使城市典型废弃物资源化利用水平显著提高，生产系统和生活系统循环链接的共生体系基本建立，生活垃圾分类和再生资源回收实现有效衔接，绿色基础设施、绿色建筑水平明显提升。具体包括：

1. 加强城市低价值废弃物资源化利用

推动餐厨废弃物资源化利用和无害化处理制度化和规范化。总结餐厨废弃物资源化利用和无害化处理试点经验，出台《餐厨废弃物资源化利用技术指南》，在全国设区城市推广。加强监管，建立餐厨废弃物产生登记、定点回收、集中处理、资源化产品评估制度，加大对非法回收处理餐厨废弃物行为的处罚力度。

加快建筑垃圾资源化利用。发布加强建筑垃圾管理及资源化利用工作的指导意见，制定建筑垃圾资源化利用行业规范条件。

开展建筑垃圾管理和资源化利用试点省建设工作。完善建筑垃圾回收网络，制定建筑垃圾分类标准，加强分类回收和分选。探索建立建筑垃圾资源化利用的技术模式和商业模式。继续推进利用建筑垃圾生产粗细骨料和再生填料，规模化运用于路基填充、路面底基层等建设。提高建筑垃圾资源化利用的技术装备水平，将建筑垃圾生产的建材产品纳入新型墙材推广目录。把建筑垃圾资源化利用的要求列入绿色建筑、生态建筑评价体系。到2020年，城市建筑垃圾资源化处理率达到13%。

推动园林废弃物资源化利用。建立园林废弃物回收利用体系，探索园林废弃物资源化利用技术路线，鼓励利用园林绿地废弃物进行堆肥、生产园林有机覆盖物、生产生物质固体成型燃料与人造板、制作食用菌棒等。推动园林废弃物与餐厨废弃物、粪便等有机质协同处理。鼓励市政园林、花圃、苗圃、果园等使用有机肥、基质、土壤调理剂等园林废弃物资源化利用产品。

加强城镇污泥无害化处置与资源化利用。按照"绿色、循环、低碳"的技术路线,建设污泥无害化、资源化处置设施;推动城镇污水处理厂污泥与餐厨废弃物、粪便、园林废弃物等协同处理;推动河湖清淤淤泥的无害化处理处置及资源化。完善污泥无害化处置标准,鼓励将污泥处理处置达标的产物用于移动式绿化、绿色建材等。

2. 促进生产系统和生活系统的循环链接

推动生产系统和生活系统能源共享。积极发展热电联产、热电冷三联供,推动钢铁、化工等企业余热用于城市集中供暖,鼓励利用化工企业产生的可燃废气生产天然气、二甲醚等燃料供应城乡居民,鼓励城市生活垃圾和污水处理厂污泥能源化利用。

推动生产系统和生活系统的水循环链接。鼓励城市污水处理后的再生水用于城市生态补水、景观及钢铁、电力、化工等工业生产系统,开展再生水用于农业浇灌的示范应用。推动矿井水用作生产、生活、生态用水。在沿海缺水地区、海岛积极发展海水直接利用和海水淡化,因地制宜推动海水淡化水进入生产和生活系统。到2020年,缺水城市再生水利用率达到20%以上,京津冀区域达到30%以上。

推动生产系统协同处理城市及产业废弃物。因地制宜推进水泥行业利用现有水泥窑协同处理危险废物、污泥、生活垃圾等;因地制宜推进火电厂协同资源化处理污水处理厂污泥,推进钢铁企业消纳铬渣等危险废物;鼓励将生活废弃物作为生产的原料、燃料进行资源化利用,加强环境监管,确保安全处置。稳步推进有关试点示范,建立长效机制。

第三节　地方政策和实践

自2000年建设部发布《关于公布生活垃圾分类收集试点城市的通知》以来，北京、上海、南京、杭州、桂林、广州、深圳、厦门8个城市率先开展生活垃圾分类收集的试点。试点目标是“在法规、政策、技术和方法等方面进行探索和总结，并为在全国实行垃圾分类收集创造条件”。试点城市投入了大量人力、物力，开展场地规划、配套设施建设等工作，但居民行为改变却难以一蹴而就，行为习惯的建立和维护更是困难重重。10多年过去，这些试点城市生活垃圾的分类收集普遍没有达到预期的目标。近年来，随着作为循环经济体系建设关键环节的社区垃圾分类得到了进一步重视，特别是2016年12月习近平总书记在中央财经领导小组第十四次会议上强调“普遍推行垃圾分类制度”之后，作为生活垃圾收集、运输、处理的主要责任者，地方政府的相关配套政策逐渐提出，支持力度也日渐加大。

一、北京市

北京市相关政策的提出可以追溯到1993年9月，为顺应国家颁布的《城市市容和环境卫生管理条例》，北京市颁布实施了《北京市市容环境卫生条例》。其中，第22条提出：“对城市生活废弃物，逐步实行分类收集、无害化处理和综合利用。”这是垃圾分类在北京市市容管理政策中的首次亮相。这一条例后来经过3次修订，北京市政府也在随后的20年中颁布了一系列政策文件，一步步将北京市的垃圾分类工作细化。

1996年年底，北京市西城区大乘巷的居民在民间组织“地球村”的帮助下，建立了北京第一个垃圾分类试点。1997年两会期间，“地球村”又向全国人民代表大会环境与资源保护委员会、国家环境保护局、建设部等10个部委递送了有关垃圾分类的提议。1999年，北京市宣武区白纸坊的建功南里社区建立了全国首个垃圾分类清运系统。北京市的这一民间自发试点为国家的试点政策提供了探索经验。

在此基础上，2000年6月，建设部城市建设司发布《关于公布生活垃圾分类收集试点城市的通知》，选择北京、上海、广州、南京、深圳、杭州、厦门、桂林8个城市作为生活垃圾分类收集试点城市。同年9月，北京市市政管理委员会（简称北京市市政管委）根据这一通知，结合《中华人民共和国固体废物污染环境防治法》和北京市人民政府办公厅发布的《关于申办奥运会的工作部署和北京市环卫工作"十五"规划》，制定并发布实施了《北京市城市垃圾分类收集回收综合利用工作方案》，提出了北京市的垃圾资源回收利用率在2000年达到10%，2005年达到30%的目标，计划通过试点、推广、完善提高3个阶段，在垃圾的产生、收集运输和最终处理的全过程中开展城市垃圾分类收集回收综合利用工作。

2002年4月，北京市人民政府办公厅发布了《关于实行生活垃圾分类收集和处理的通知》，宣布自2002年6月1日开始，北京市将大力推广在居住小区、大厦和工业区实行生活垃圾分类收集和处理，按照"大类粗分，厨余垃圾就地处理"的原则进行，由北京市市政管委具体制定生活垃圾分类收集方法。

2005年11月，北京市市政管委发布《北京市餐厨垃圾收集运输处理管理办法》，计划先建立一批餐厨垃圾规范管理试点单位，并逐步将全市大小餐饮单位纳入规范。2009年2月，北京市市政管委又对该办法做了修改，规定餐厨垃圾的产生者不得将餐厨垃圾交给无相应处理能力的单位和个人。

2007年1月，北京市市政管委和财政局下发了《关于深化本市生活垃圾处理运行机制改革的意见》，为北京市生活垃圾处理运行机制制定了3条原则：一是管理重心下移原则，将垃圾收集、运输、处理责任全部下放到区县政府；二是公共服务均等化原则，逐步理顺垃圾处理费用标准和经费管理体制；三是城乡统筹和促进区域和谐发展原则，建立垃圾产生区向垃圾处理区缴纳经济补偿费的机制。

2009年3月16日，北京市市政管委、农村工作委员会、商务局、环境保护局、财政局发布《关于做好北京市农村地区生活垃圾减量化资源化无害化工作的指导意见》，提出借鉴城市生活垃圾分类的经验，在农村地区推进垃圾管理工作。目标是到2010年年底，初步形成农村地区生活垃圾分类投放、分类收集、分类运输及分类处理的管理和运行体系；逐步建立健全相关的管理政策和标准体系；逐步建立部门之间协作配合、运转有效的管理和监督检查体系。

2009年4月，中共北京市委、北京市人民政府发布《关于全面推进生活垃圾处理工作的意见》，提出广泛开展垃圾分类，促进生活垃圾源头减量，倡导建立和完善垃圾分类收集、分类运输体系，尽快制定出台生活垃圾处理的相关法规，制定和修订生活垃圾分类、餐厨垃圾收集运输处理、垃圾处理调控核算平台等的管理办法。

2009年年底，北京市市政市容管理委员会又专门出台了《北京市生活垃圾"零废弃"试点管理办法（试行）》，对党政机关、学校、宾馆饭店、大型商场、公园、农贸市场、度假村和居住小区等单位和地区开展生活垃圾"零废弃"试点工作，并制定了基本标准。在推进垃圾资源化处理方面，该办法要求，在餐饮街、高校集中区等餐厨垃圾产生集中的地区，建设餐厨垃圾资源化处理站。

2010年4月30日，北京市市政市容管理委员会、环境保护局、商务委员会联合发布的《关于切实提高生活垃圾收集运输和处理管理水平的通知》，提出了10项措施以解决北京市生活垃圾处理工作中存在的垃圾暴露、源头分类投放收集不规范、运输车辆遗撒滴漏、处理设施周边矛盾突出、属地管理责任落实不到位、资金投入不足等问题，制定了投放规范化、收集标准化、运输专业化、处理无害化、管理信息化的目标。其中有关垃圾收集运输的措施包括两方面内容：完善分类收集系统，逐步实现垃圾全密闭分类收集；提高垃圾运输作业水平，垃圾运输密闭无遗撒。

2012年3月1日，北京市出台的国内首部以立法形式规范垃圾处理行为的地方性法规——《北京市生活垃圾管理条例》正式实施，旨在有效推进生活垃圾分类，提高垃圾处置效率，促进生活垃圾源头减量。目前，北京市共有垃圾处理设施31座，总设计日处理量为1.668万吨。2010年，北京市生活垃圾产生量为634.86万吨，平均每天产生生活垃圾1.74万吨。焚烧、生化处理和卫生填埋的比例分别为10%、5%、85%，生活垃圾以卫生填埋为主。

2013年4月，为进一步加快推动生活垃圾处理设施建设工作，根据《北京市生活垃圾管理条例》，经市委、市政府研究同意，北京市制定并颁布了《北京市生活垃圾处理设施建设三年实施方案(2013—2015年)》。该方案对“十二五”期间，北京市35项生活垃圾、餐厨垃圾和渗沥液处理设施及5项建筑垃圾处理设施的建设做了具体安排；提出按照“优先安排生活垃圾处理设施规划建设，优先采用垃圾焚烧、综合处理和餐厨垃圾资源化技术，优先推进生活垃圾源头减量，优先保障生活垃圾治理投入”的原则，切实建立健全城乡统筹、结构合理、技术先进、能力充足的垃圾处理体系和政府主导、社会参与、市级统筹、属地负责的生活垃圾管理体系；具体目标是到2015年，北京70%的生活垃圾都将采用焚烧、生化等资源化处理方式，填埋处理的比例将降至30%。此外，还提出了要加强新技术在垃圾处理设施运行和管理中的应用。

虽然北京市响应国家号召开始实施垃圾分类收集和处理的时间很早，但20年来，其实施过程并不十分顺利，所以北京市才不断做出新的部署，对已有政策进行反复修改。尽管垃圾处理的现代化水平在不断提高，但随着城市化率的提高和城市人口的不断增长，垃圾处理中的社会问题频发，引发了一系列以反对垃圾处理设施为典型特征的“邻避现象”的群体性事件，使垃圾处理设施的规划选址陷入了巨大的困境，从长远的角度来看，更阻滞了垃圾处理工作的顺利推进。2016年颁布的《北京市“十三五”时期城市管理发展规划》提出，“十三五”期间，北京市将以“资源回收，干湿分开”为主要抓手，适时推进生活垃圾强制分类。通过生活垃圾源头分类，减少最终处置的垃圾量，这才是解决生活垃圾问题的根本途径。

二、上海市

上海市是我国第一批试点垃圾分类的城市之一，其生活垃圾分类实施工作和方式历程回顾如表4-1所示。1999年，上海市市容环境卫生管理局编制了《上海市区生活垃圾分类收集、处置实施方案》，确定了居住小区居民日常生活垃圾的分类方法，并逐步扩大了试点社区的覆盖范围。

表4–1　上海市生活垃圾分类实施工作和方式历程回顾

<table>
<tr><th colspan="2">阶段</th><th>实施工作</th><th>分类方式</th></tr>
<tr><td rowspan="2">试点阶段</td><td>1995年</td><td>曹杨五村第七居委会的一个居住区启动垃圾分类试点</td><td rowspan="10">1998—1999年
有机垃圾、无机垃圾、有害垃圾；废电池、废玻璃专项分类
2000—2003年
“有机垃圾、无机垃圾”调整为“干垃圾、湿垃圾”
2003—2006年
焚烧区域：不可燃垃圾、有害垃圾、可燃垃圾
其他区域：可堆肥垃圾、有害垃圾、其他垃圾
2007—2010年
居住区：有害垃圾、玻璃、可回收物、其他垃圾
办公场所：有害垃圾、可回收物、其他垃圾
公共场所：可回收物、其他垃圾
其他：装修垃圾、大件垃圾、厨余垃圾、一次性塑料饭盒等
2010—2011年
大分流：装修垃圾、单位厨余垃圾、大件垃圾、绿化枯枝落叶等
小分类：有害垃圾、玻璃、废旧衣物、厨余果皮、其他垃圾等</td></tr>
<tr><td>1998年</td><td>开展废电池、废玻璃专项分类回收</td></tr>
<tr><td rowspan="4">推广阶段</td><td>1999年</td><td>垃圾分类工作纳入上海市环保三年行动计划，出台《上海市区生活垃圾分类收集、处置实施方案》等文件</td></tr>
<tr><td>2000年</td><td>首批100个小区启动垃圾分类试点，上海市成为我国8个垃圾分类试点城市之一</td></tr>
<tr><td>2002年</td><td>重点推进焚烧区垃圾分类工作</td></tr>
<tr><td>2006年</td><td>全市有条件的居住区垃圾分类覆盖率超过60%</td></tr>
<tr><td rowspan="4">调整阶段</td><td>2007年</td><td>逐步推行垃圾四分类、五分类的新方式</td></tr>
<tr><td>2009年</td><td>世界博览会园区周边区域垃圾分类覆盖率达100%</td></tr>
<tr><td>2010年</td><td>全市有条件的居住区垃圾分类覆盖率达70%</td></tr>
<tr><td>2011年</td><td>超额完成1080个居住区分类试点，实现较2010年人均处理量减量5%的目标</td></tr>
</table>

资料来源：上海市绿化和市容管理局官网

2008年8月1日，上海市人民政府公布了《上海市城市生活垃圾收运处置管理办法》，之后，根据2010年12月20日上海市人民政府公布的《上海市人民政府关于修改〈上海市农机事故处理暂行规定〉等148件市政府规章的决定》对该办法进行了修正并重新发布。该办法进一步明确了全市中心城、新城、中心镇以及独立工业区、经济开发区等城市化地区内的生活垃圾收集、运输、处置及其相关管理活动的责任主体、责任分工以及费用分担等。

2011年以来，上海市又以居民教育和街镇试点为工作重点，发布了《关于实施“百万家庭低碳行，垃圾分类要先行”市政府实事项目的通知》和《关于开展生活垃圾分类减量街镇试点的指导意见》。根据上述指导意见，各区县管理部门至少选择1个试点街镇，试点街镇至少选择3个居住区开展试点工作，完善分流专项管理系统，建立全程物流模式；建立以减量为目标，定性定量相结合考核的评价机制；建立有效促进社会各方参与的激励机制；推进分类志愿者队伍建设，形成有效社会参与机制。具体工作内容包括：规范全程分类物流系统，设置分类投放容器，建立分类志愿者队伍，规范保洁人员分拣，建立生活垃圾分类减量考评激励机制。2011年，上海市又出台了配套的《上海市城市生活垃圾分类设施设备配置导则（试行）》，按标准实施大分流，按照日常生活垃圾、装修垃圾、单位厨余垃圾、大件垃圾、绿化枯枝落叶等分类。生活垃圾分类设施设备配置与区域分类收集、分类运输、分类处置系统相适应，与生活垃圾产生量、收运频率要求相适应。

此外，上海市的与垃圾分类管理制度相关的文件还包括：《关于下发加强本市绿化枯枝落叶利用指导意见的通知》《上海市单位生活垃圾处理费征收管理暂行办法》《上海市促进垃圾分类减量办法》《关于开展生活垃圾分类减量试点工作的指导意见》等。

三、广州市

自从1992年国务院颁布《城市市容和环境卫生管理条例》以来，广州市积极响应、探索和推动生活垃圾分类收集、运输和处理。广州市于1999年正式倡议居民实施垃圾分类。2000年，广州市被列为全国8个垃圾分类收集试点城市之一，出台了《广州市垃圾分类收集服务细则（试行）》等一系列文件，将生活垃圾分为不可回收垃圾、可回收垃圾和有害垃圾3大类。历经宣传教育（1992—1999年）、试点（2000—2009年）和全面推广（2010年后）3个阶段。

2004年，“生活垃圾分类收集和分选回收工程”被列为广州申亚20项重大环保工程之一。广州市政府计划用5年时间，形成垃圾分类法规的基本框架，依法分类、收集、利用。2005年，广州市在越秀区试点厨余垃圾单独收集处理。

2006年，广州市出台《广州市"十一五"持续推进创建国家环境保护模范城市工作实施方案》，提出力争于2008年前完成中心城区生活垃圾回收网络建设，2010年前完成全市网络建设，使生活垃圾分类收集的普及率达到75%，生活垃圾分类收运的处理率达到40%。

2009年，广州市城市管理委员会挂牌成立，适逢番禺生活垃圾焚烧发电厂建设选址引发周围居民抗争与抵制的"番禺风波"，广州市人民政府决定顺应居民呼吁，起草《关于全面推广生活垃圾分类处理工作的意见》，全面推广生活垃圾分类。2010年1月起，广州市掀起了轰轰烈烈的垃圾分类高潮，在越秀区东湖街、荔湾区芳村花园、番禺区海龙湾和华景新城等社区试点全面推广垃圾分类，并确定了明确的分类收集率目标。自此，广州市的生活垃圾分类步入了政府主导推广的阶段。

2011年4月，广州市正式实施了其专门制定的国内第一部城市生活垃圾分类方面的政府规章——《广州市城市生活垃圾分类管理暂行规定》。2014年，广州市发布《广州市城市生活垃圾分类管理暂行规定(修订草案征求意见稿)》，向公众征求意见，对《广州市城市生活垃圾分类管理暂行规定》进行修改。根据该意见稿，广州市将把动议已久的垃圾分类实施细节落实，如将垃圾按量收费等纳入立法议程，进一步确保垃圾分类工作的实施。垃圾分类"广州范本"的3大模式包括"按袋计量""直收直运""专袋投放"。

2012年4月5日，广州市发布的《关于落实〈广州市第十四届人民代表大会第一次会议关于罗家海等20名代表联名提出的《关于推进城市废弃物处置利用，发展循环经济的议案》的决议〉实施方案》中，提出了要以垃圾分类为核心，并系统规定了要如何推进城市废弃物处置和发展循环经济。2012年7月10日，广州市召开3 000余人参会的广州市生活垃圾分类处理部署动员大会，总结垃圾分类试点过程中涌现出来的"东湖模式""广卫模式""南华西模式"和"万科模式"。大会前后，广州市媒体积极参与。会后，广州市分别推出了"新快样本""广州范本""南都模式"等试点，并在万科金色家园启动了"按袋计量收费"试点，在猎德街凯旋新世界花园启动了"专袋投放"试点。虽然各区街垃圾分类试点精彩纷呈，创造出许多可供借鉴和示范的区域经验，但这些试点均在物业管理完善的成熟社区内进行，以政府的资金扶持为前提，可复制性和推广性不强。垃圾治理变革呼唤基层创新，需要扎扎实实的行动，需要更多的社区探索因地制宜、长效治理的新路子。

2013年，广州市被国家发展改革委确定为40个国家循环经济示范城市（县）地区之一。2014年，广州市城市管理委员会（简称广州市城管委）发布了《关于创建全国生活垃圾分类示范城市的实施方案（征求意见稿）》，提出将在每个小区建设1—2个有害垃圾临时贮存库，要求每个单位、社区和生活小区至少有1个有害垃圾收集点，经营过程中可能产生有害垃圾的商店还要设专门回收点。对于分类后的生活垃圾，将利用现有企业生产过程进行协同资源化处理。在满足产能、环保等要求的基础上，通过替代原料或燃料的方式，利用水泥、电力、钢铁等传统行业的工业窑炉协同处置分类后的垃圾，实现废弃物处置设施的资源共享。此外，通过鼓励和引导社会资本进入生活垃圾分类处理领域，推进垃圾分类促进中心、"城市矿产"开发利用产业协会、再生资源交易平台、垃圾分类全流程监管平台、奖励与监督平台等平台的建设，提高垃圾分类处理效能。目前，广州市已在401个社区进行定时定点投放垃圾试点，并且要求每个区以不低于20%的增速进行试点范围的扩面，其中越秀区已有超过80%的街道推行了定时定点投放。

四、深圳市

作为首批试点城市之一，深圳市在试点初期举办了一系列社区垃圾分类推广活动。2001年，在国际消费者权益日那天，深圳市义工联环保生态组与天虹商场东门店联合举办了第一场垃圾分类大型宣传活动，此后义工联环保生态组共进入208个社区进行垃圾分类宣传，举办活动近600场。2004年4—9月，深圳市又对四季花城和莲花北两个社区进行了垃圾分类试点。但总的来说，因为配套基础设施和管理没有跟上，分类试点工作并未持续开展下去。

在系统调研和在金色家园、塘朗雅苑、金湖酒楼等小区（单位）开展试点工作的基础上，2012年，深圳市人民政府正式印发《深圳市"十二五"城市生活垃圾减量分类工作实施方案》，重启垃圾分类试点工作。初期将垃圾分为可回收物、厨余垃圾（俗称"湿垃圾"）、有害垃圾（社会危险废物）和其他垃圾（俗称“干垃圾”),并视试点小区(单位)的进展情况,进一步细化分类标准。实施方案提出,到2015年年底,深圳市将基本实现人均垃圾产生量“零增长”,原生混合垃圾“零填埋”,有效解决填埋场的臭气问题;市民垃圾分类知晓率不低于95%,常住居民参与率不低于60%,资源回收率达30%,厨余垃圾资源化处理率达40%,垃圾无害化处理率力争达100%,有害垃圾安全处理率达100%。

2012年,在垃圾减量分类示范阶段,深圳市选取了500个单位开展分类示范。不同类型的示范单位有不同的垃圾分类方法。居民小区的垃圾可分为可回收物、厨余垃圾、有害垃圾及其他垃圾4类;酒楼、宾馆、食堂等餐饮场所的垃圾可分为可回收物、厨余垃圾、其他垃圾3类;机场、码头、火车(地铁)站、公交车站(候车亭)、公园、旅游景区、加油站等公共场所的垃圾可分为可回收物、其他垃圾2类;政府机关、企事业单位的办公区域以及学校等场所的垃圾可分为可回收物、其他垃圾2类,大型办公区的可回收物可进一步细分为纸张类、饮料瓶罐类、其他塑料类。

配合分类工作的开展,深圳市逐步完善收集运输系统和分类处置设施的规划建设,以及面向大众的宣传推广工作。2012年的500个试点项目中,市城市管理和综合执法局(简称市城管局)负责50个示范项目。此外,罗湖区、福田区、南山区各负责60个示范项目,宝安区、龙岗区各负责70个,盐田区、坪山新区、光明新区各负责30个,龙华新区、大鹏新区各负责20个,由各区(新区)政府在辖区范围内选点实施。示范项目单位包括居民小区、机关、学校、餐馆等。试点项目经费主要由参与项目的各级政府财政负担。其中,政府投资项目经费按第四轮市区两级政府投资事权划分方案落实。市城管局负责的垃圾减量分类项目经费由市财政承担,各区政府(新区管委会)负责的垃圾减量分类项目经费由区财政承担。有关全市性的宣传资料的设计、制作和印制等费用由市财政统一承担,各区政府(新区管委会)自行组织开展的垃圾减量分类宣传教育等费用由区财政承担。

在推进试点工作的基础上,深圳市将逐步完善再生资源回收网络,在居民小区设立具有垃圾减量分类咨询、可回收物和大件垃圾预约回收服务等功能的资源回收服务站;积极引进国内外垃圾分类或分选技术,加快推进垃圾分类处理设施建设。2015年6月,深圳市发布了《深圳市生活垃圾分类和减量管理办法》，并于2015年8月1日起实施；制定了与垃圾分类相关的2部地方标准——《生活垃圾分类设施设备配置标准》和《深圳市居民小区垃圾减量分类操作规程》。深圳市还修改并完善了《深圳市城市生活垃圾处理费征收和使用管理办法》，建立了垃圾分类前期投入保障机制和减量分类激励奖惩机制，积极推进垃圾减量分类市场化运行模式，逐步减少了对财政资金的依赖。

五、南京市

2011年年底，南京市正式启动垃圾分类工作。南京市人民政府成立了垃圾分类工作领导小组，由分管副市长任组长，领导小组成员为各区各相关部门的分管领导。领导小组办公室设在市城管局，其职能由城乡环卫处承担。各区也相应建立了垃圾分类工作领导机构。从2011年试点阶段开始，南京市相继出台了《南京市生活垃圾分类工作试点方案》、各年度工作意见等规范性文件，对每年度垃圾分类工作的目标、主要任务、保障措施等做出明确规定。《南京市生活垃圾分类管理办法》也于2013年6月1日起施行。2014年，南京市申请成为国家垃圾分类示范城市。

南京市以政企合作，政府采购服务，引入市场机制、激励机制，由企业提供高水平的专业化服务的方式，由南京志达环保科技有限公司（简称志达环保）牵头，为居民进行垃圾分类的宣传培训、活动组织、物资回收等，以现代化信息为支撑，将垃圾分类与便民惠民相结合，通过将垃圾分类的成果与全体居民共享，实现了居民家庭垃圾源头分类、分类收集、分类处理，既提高了居民对垃圾分类的知晓率、参与率，也降低了后端处理成本。志达环保是一家专注于垃圾分类、打造城市生活垃圾全新产业链的环保企业。秉承慧分类、惠生活的环保理念，其以推动垃圾分类事业为使命，致力于构建一套提供垃圾处理与分类服务的城市生活垃圾运营系统——慧分类、惠生活；以最务实的环保理念，最落地的垃圾分类回收方案，为政府提供城市生活垃圾分类、垃圾智能回收等全套运营解决方案。志达环保在推动小区垃圾分类过程中，对厨余垃圾采用定时定点开袋的方式分类收集，对可回收垃圾采用垃圾换物的方式定期收集、对低附加值垃圾和有害垃圾采用宣传引导和定点兑换结合的方式分类回收，辅以企业自主开发的智能垃圾分类积分系统——慧系统，以更科学、更便捷的互联网思维助力南京垃圾分类(图4-1)。

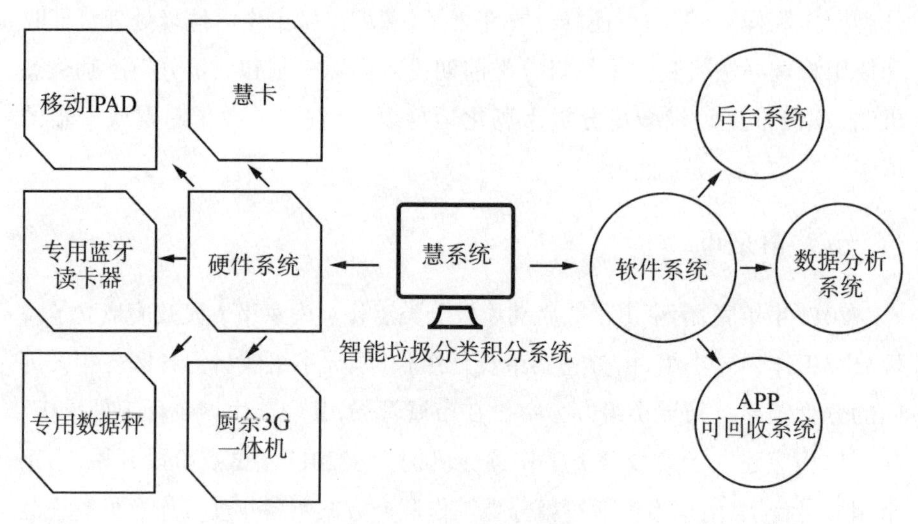

图4-1 慧系统示意图

以南京市尧化街道为例。志达环保于2014年4月在尧化街道率先试点垃圾分类市场化，项目推行至今，陆续有27个小区开始试点，试点覆盖居民户数22 955户，占全街道居民总户数的80%。居民的垃圾分类知晓率达95%以上、参与率达70%、正确率达90%，回收可回收物2 566.9吨、厨余垃圾3 196.5吨、低附加值垃圾328.3吨，垃圾分类氛围日渐浓厚，居民参与度高。随着试点工作的深入推进，尧化街道引入第三方企业进行市场化运作，垃圾分类的实践效果显现，"尧化模式"逐渐成熟。南京市栖霞区、鼓楼区、雨花台区、浦口区、江宁区、高淳区等11个区、51个街道、228个小区先后邀请志达环保提供服务，服务覆盖居民总户数19万户。目前，志达环保在相关街道的支持下，开设了4个低附加值馆、2个约200平方米的垃圾分类教育体验馆，并负责了鼓楼区、浦口区、雨花台区、高淳区等的共计约8 000平方米的大件分拣中心的日常运营。

目前，垃圾分类的"尧化模式"也引起了其他省市相关部门的关注和调研，仅2016年就有10多个城市、50多家单位前往街道调研交流。近期，《人民日报》《新华日报》《南京日报》、"人民网"等10多家媒体宣传报道了志达环保的垃圾分类工作。同时,学术界对此也密切关注,复旦大学、四川大学、日本神户大学、浙江省长三角循环经济技术研究院和同济大学循环经济研究所等单位从环境、社会行为学等方面进行研究,力求推动垃圾分类工作的规范化和标准化。

总结志达环保的经验,可以概括如下:

1. 尧化街道的垃圾分类紧紧围绕着垃圾分类的最大主体——居民开展。风雨无阻的小区垃圾分类广场活动、定时定点的厨余垃圾收集(开袋投放)、便民惠民的积分兑换方式、持续有效的宣传引导等,充分调动了居民参与垃圾分类的积极性,培养了居民垃圾分类的行为习惯。现在,在27个垃圾分类试点小区的每天上午7:00—9:00,居民纷纷将家中的厨余垃圾开袋投放,这已形成一道独特而又亮丽的风景线。所谓"图难于其易,为大于其细",这种从细节着手、从家庭开始、从源头开始养成的垃圾分类习惯,为之后垃圾分类整个链条的良性运转提供了可能(图4-2)。

图4-2　志达环保进社区

2. 始终遵循垃圾"减量化、资源化、无害化"的3大原则。截至目前,尧化街道累计回收各类资源6 091吨(含厨余垃圾),南京市累计回收各类资源1.61万吨。南京市持续实施垃圾分类收集、分类清运、分类处理。目前,垃圾分类前端的分类收集开展得如火如荼,后端的分类清运也跟上了节奏,分类处理渠道也已部分疏通。

3. 开发并搭建垃圾分类大数据系统平台——慧系统。为了更好地开展和服务垃圾分类工作,志达环保自主开发并搭建了南京市垃圾分类大数据系统平台——慧系统,该系统以数据形式详细记录了每位居民的每个垃圾分类行为,居民积分实时累计、自助查询、自助提现,政府能监控、可参考。目前该系统持卡用户量为6.3万余户。相信随着积分提现功能的全部开放,会有更多用户参与其中(图4-3)。

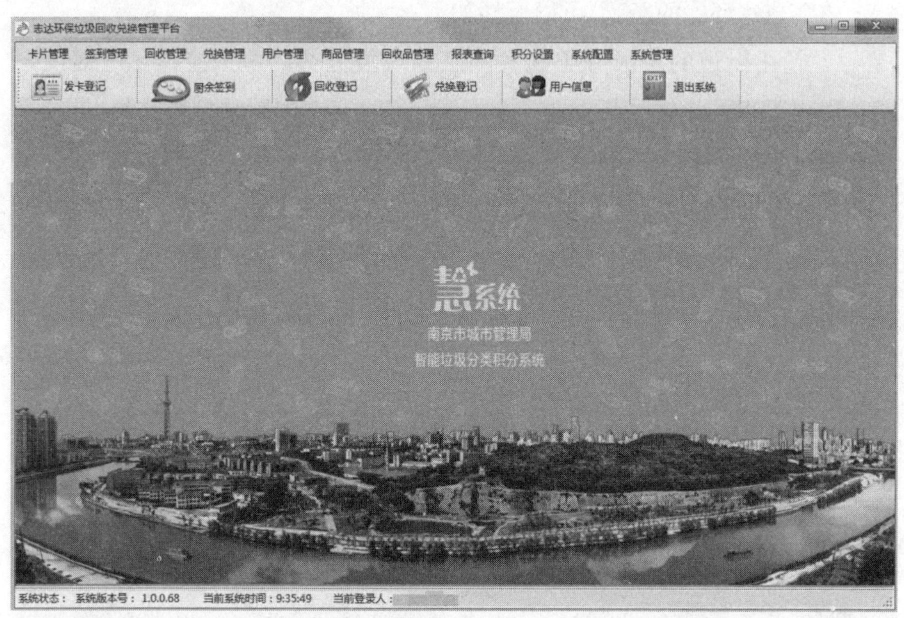

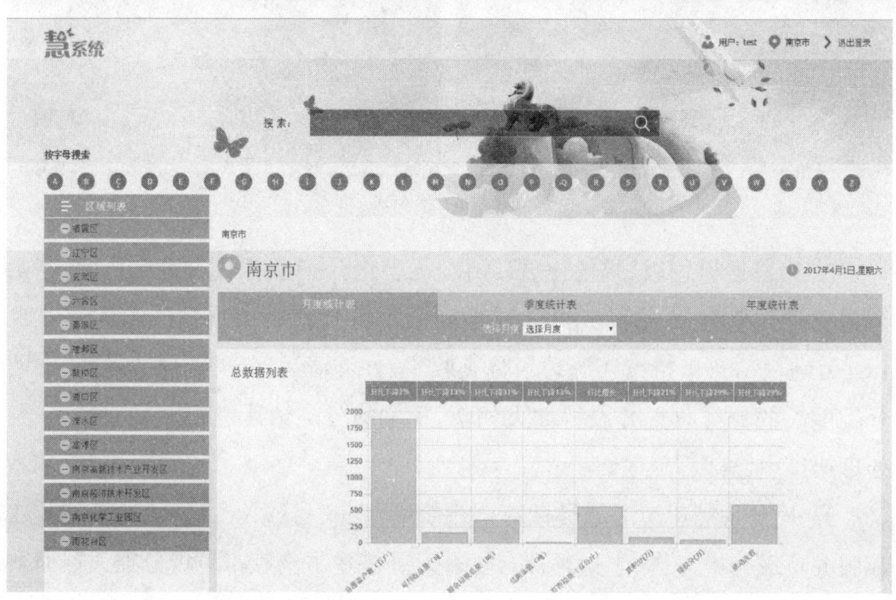

志达环保垃圾回收兑换管理平台

卡片管理　签到管理　回收管理　兑换管理　用户管理　商品管理　回收品管理　报表查询　积分设置　系统配置　系统管理

发卡登记　厨余签到　回收登记　兑换登记　用户信息　退出系统

新增积分汇总

查询条件

街道 尧化街道　小区 全部　统计时间 2017年 3月 1日 到 2017年 3月31日　查询　导出

	所属城市	所属园区	所属街道	所属小区	居民户数	办卡户数	办卡率	居民参与率	新增绿积分	厨余重
4	南京	栖霞区	尧化街道	金尧新村	456	234	51.32%	55.26%	5,865	3,129.8
5	南京	栖霞区	尧化街道	碧水苑	874	500	57.21%	54.69%	11,126	6,255.3
6	南京	栖霞区	尧化街道	金尧山庄	508	251	49.41%	54.33%	6,503	4,584.6
7	南京	栖霞区	尧化街道	计算新村	310	146	47.10%	53.87%	387	2,582.4
8	南京	栖霞区	尧化街道	尧安新村南苑	543	232	42.73%	52.85%	3,604	4,159.6
9	南京	栖霞区	尧化街道	青山苑	874	480	54.92%	51.72%	11,597	6,623.4
10	南京	栖霞区	尧化街道	尧化新村	917	448	48.85%	50.05%	9,293	5,309.6
11	南京	栖霞区	尧化街道	金尧花园	1,296	615	47.45%	49.92%	13,726	6,932.4
12	南京	栖霞区	尧化街道	港尧新村	536	270	50.37%	48.51%	5,899	2,368.6
13	南京	栖霞区	尧化街道	旭日雅筑	192	79	41.15%	46.88%	1,031	684.30
14	南京	栖霞区	尧化街道	佳邻美居	450	208	46.22%	46.22%	3,960	3,101.7
15	南京	栖霞区	尧化街道	和苑	1,308	517	39.53%	44.95%	13,447	7,414.4
16	南京	栖霞区	尧化街道	翠林苑	875	469	53.60%	44.80%	9,834	12,770.
17	南京	栖霞区	尧化街道	新城佳园	276	137	49.64%	42.39%	1,516	1,305.9
18	南京	栖霞区	尧化街道	艺郡临枫	320	123	38.44%	39.06%	2,249	1,377.8
19	南京	栖霞区	尧化街道	上城风景北苑	917	387	42.20%	38.82%	5,718	4,331.6
20	南京	栖霞区	尧化街道	东城世家	1,062	430	40.49%	37.85%	5,213	3,582.7
21	南京	栖霞区	尧化街道	青田雅居	1,231	420	34.12%	33.63%	9,800	7,407.3
22	南京	栖霞区	尧化街道	尧顺佳园一期	1,850	634	34.27%	32.76%	15,454	7,048.2

图4-3　慧系统的各界面

南京市的垃圾分类围绕政府、企业和居民3大主体。政府购买企业服务、监督和考核企业成效；企业负责组织、引导居民参与垃圾分类，并负责工作实施和运营的全过程；居民是最大也是最重要的参与主体，居民在接受服务的同时逐渐养成了垃圾分类的习惯。通过市场化推动垃圾分类，将垃圾分类宣传教育、积分奖励，与便民、惠民服务相结合，将资源回收服务的触角延伸进小区、家庭，解决了资源回收“最后一公里”的问题。居民通过垃圾分类的实际行动，获得了实实在在的实惠，激发了居民投身垃圾分类实际行动的热情。垃圾分类活动效果非常好，小区垃圾分类氛围浓厚。

随着垃圾分类工作的深入，2012年，南京市出台了《南京市餐厨废弃物管理工作意见》。2015年，南京市颁布实施了《南京市餐厨废弃物管理办法》，开始启动厨余垃圾的规范收运、处理工作。2014年，南京市建成了餐厨垃圾资源化处理设施——板桥餐厨垃圾处理厂，设计日处理量为100吨，于2014年8月开始试运行，服务范围包括玄武、秦淮、建邺、鼓楼、栖霞、雨花台、江宁7区。截至2014年年底，共处理餐厨垃圾2 500吨，12月的处理量达到40吨/天。

2016年1月，南京市人民政府印发了《关于印发〈南京市建设国家生活垃圾分类示范城市实施方案〉的通知》，提出积极推进生活垃圾分类减量和资源化利用工作，争取到2020年南京市城市生活垃圾分类收集覆盖率达到90%以上，人均生活垃圾清运量下降6%（以2014年为基准），生活垃圾资源化利用率达到90%以上，确保通过国家生活垃圾分类示范城市考核验收。

六、杭州市

杭州市的垃圾分类也跟其他试点城市一样历经曲折。2005年，杭州市就出台了《杭州市城市市容和环境卫生管理条例》，对市容环境卫生责任和市容管理做出相关规定，但垃圾分类收集和处置并没有成为其主要内容。2010年，中共杭州市委办公厅、杭州市人民政府办公厅发布了《关于〈杭州市区生活垃圾分类收集处置工作实施方案〉的通知》，提出到2012年年底，构建杭州市区生活垃圾分类投放、分类收运及分类处置的管理和运行体系；建立健全相关管理政策、标准体系和长效管理监督考核体系。

为加强对生活垃圾分类收集处置工作的组织领导，及时协调解决工作推进中存在的问题和矛盾，保障生活垃圾分类收集处置工作的顺利进行，杭州市组建了杭州市区生活垃圾分类收集处置工作推进领导小组，杭州市人民政府各相关部门分别制定了系列规章。2010年，杭州市颁布了《杭州市生活垃圾分类方法与标志标准》；同年9月，杭州市人民政府城市管理办公室出台了

《机关垃圾分类长效管理制度(试行)》;同年10月,杭州生活垃圾分类办公室制定了《杭州市区生活垃圾分类小区垃圾房改造工作方案》。为深入推进市区生活垃圾分类,提高生活垃圾分类投放质量,根据《关于进一步加强城市生活垃圾处理工作的意见》《杭州市人民政府办公厅关于印发杭州市"十二五"城市管理发展规划的通知》和《市委办公厅、市政府办公厅关于印发〈杭州市区生活垃圾分类收集处置工作实施方案〉的通知》精神,2012年,杭州市进一步颁布了《杭州市区生活垃圾分类投放工作实施方案》。

2014年,为深入推进生活垃圾分类,促进垃圾减量管理,进一步提高杭州市生活垃圾"三化四分"(减量化、资源化、无害化,分类投放、分类收运、分类利用、分类处置)水平,杭州市人民政府办公厅发布了《关于深入推进市区生活垃圾"三化四分"工作的实施意见》,全面动员社会力量,深入推进生活垃圾分类,实行生活垃圾总量控制,促进源头减量管理,构建"全固废统筹、全过程监管、全区域布局、全社会承担"的固废治理模式,建立健全责任落实、管理高效、守土有责、上下联动的政府管理体系,竞争有序、运行高效、服务规范、富有活力的市场运行体系,以及市民主体、人人参与、讲求诚信的社会参与体系。提出力争通过3—5年的时间,使垃圾集中处理能力达10 000吨/天以上,其中焚烧处理能力达8 500吨/天以上,形成"以焚烧处理为主、生物处理为辅、填埋处理为保障"的生活垃圾处理格局,努力实现"垃圾全分类,资源全回收,原生垃圾零填埋"的目标。

2015年6月26日,杭州市第十二届人民代表大会常务委员会第二十九次会议审议通过了《杭州市生活垃圾管理条例》。2015年7月30日,该条例经浙江省第十二届人民代表大会常务委员会第二十一次会议批准公布,自2015年12月1日起施行。《杭州市餐厨废弃物管理办法》也于2015年12月25日经市人民政府第五十五次常务会议审议通过并公布,自2016年4月1日起施行。2016年,杭州市服务标准规范——《生活垃圾分类管理规范》也已完成编制。

杭州市社区的垃圾分类实践也在如火如荼地开展。

余杭区星海云庭、紫欣华庭小区开展了二维码智能回收工作。为进一步提升城市生活垃圾"三化四分"工作的成效,提高垃圾前端分类的正确率,有效实现垃圾减量化和资源化,2015年,崇贤街道经过细致的前期调研和筹备,于3月15日正式在星海云庭以及紫欣华庭两个居民小区启动二维码智能垃圾分类试点项目。通过“前期智能扫码,中期海量分析,后期积分兑付”的互联网+物联网+志愿网的“多维合众”方式,率先迈出了以智能技术破解垃圾分类处置难题的第一步,探索出符合街道实际的生活垃圾分类收集、直运模式。

总结崇贤街道的经验,可以概括如下:

1. 建章立制,政府统筹。街道成立智能垃圾分类试点工作领导小组,组建由街道、社区、物业、居民志愿者组成的工作队伍,形成定期工作例会制度、信息报送制度、绩效考核制度等一整套工作机制,利用网格化管理平台,确保工作试点落到实处。

2. 市场运作,专业保障。通过购买产品和外包服务的方式,相继在两个小区投入垃圾分类智能应用处理设备23台,投入资金65.42万元,引进云数据分析以及信息交互系统平台1套,实现了垃圾与投递人信息的精准比对,强化了垃圾巡检的溯源管理,确保了垃圾分类管理的专业化和高效化。

3. 志愿推动,全民参与。在项目实施初期,通过开展志愿服务,特别是通过志愿者入户采集信息,为整个项目的顺利实施,无论是在理念的普及上,还是在后期的溯源管理上,都奠定了较好的群众基础。此外,在项目实施过程中,垃圾正确分类与积分兑付产品这种行为与利益相挂钩的模式,也在一定程度上积累了人气,提高了群众的参与率和普及率。

4. 运用现代科技手段,强化管理中的智慧运用,“一户一码”实现有源可溯。街道与杭州村口环保科技有限公司合作,引入二维码实名制,实行垃圾分类责任到户。二维码内含有居民的个人信息,包括户名、联系方式、所在楼层等,从而实现了垃圾分类的实名制和有源可溯的目标。“一户一码”为每户投放家庭自动计算积分,积分来自巡检评分、在特定时间段投放垃圾和在智能回收平台投放可回收垃圾,且积分可通过微信公众号以及手机短信实时推送,增强了居民垃圾分类行为的趣味性。同时,智能平台可做到有据可查。在小区内安装智能垃圾袋发放机、智能垃圾分类专用收集箱及可回收垃圾智能回收平台等智能分类硬件设备后,居民每月通过扫描二维码,在智能垃圾袋发放机自助领取二维码垃圾袋，并通过扫描垃圾袋上的二维码来投放厨余垃圾和其他垃圾。居民每次投放垃圾之后，智能垃圾分类专用收集箱会将相关信息传输到社区垃圾分类自动化信息管理云平台，通过二维码智能管理系统对投放者的姓名、房号、联系方式等数据进行处理，从而得出包括参与率、准确率等数据在内的垃圾投放记录。社区管理人员也可以通过分析相关数据，使垃圾投放管理的针对性和有效性得到增强。

5. 变“一阵风”为“平日功”。垃圾分类的前端处理，不可能一蹴而就，而在于平时的教化养成，让习惯成自然。因此，在宣传、培训、巡检上要下功夫。街道城管服务中心会同社区开展了以“会分类、惠生活”的主题宣传活动，通过印制宣传册、摄制宣传片、制作宣传板，着重宣传了设备使用情况、积分构成情况、先进评比制度等，力求做到前期宣传人人知晓；组建了由城管序化员、社区工作人员、志愿者等为班底的临时巡检队伍，定时定点定岗指导和督查，帮助居民准确分类、正确投放；在维护方面做到了“即查即修”，由杭州村口环保科技有限公司和杭州市城市管理局组成设备维护和故障排查队伍，排班检查各项设备的运行状况，及时排除设备故障，定期优化、升级管理软件，确保系统能正常使用。

截至2015年5月底，通过项目实施前后的称重测试对比，两个小区（1 189户）的生活垃圾总量同比大幅减少，减量率达16.2%；垃圾投放准确率从原有的40%提升至目前的93.7%；分类正确率从原来的48%提升至目前的89.7%。此外，自可回收垃圾智能回收平台投入使用以来，回收物品总重量达7.4吨（其中纸张4 476千克，金属1 157千克，塑料1 183千克，低价值物品590千克），实现了可回收物的资源化再生利用。相应的管理损耗成本也有下降趋势，以垃圾袋为例：通过自助领取垃圾袋的方式，垃圾袋的发放同比节省1 365套（2 730卷），节约相关费用达1.22万元，垃圾袋发放成本降低了38%。余杭区的实践也触发了媒体对垃圾分类智慧应用的集中关注，作为破解“垃圾围城”现象的有力举措，该项目先后引发《浙江日报》《杭州日报》《钱江晚报》《青年时报》《今日早报》以及《余杭晨报》各级各类媒体的争相关注和报道，“浙江在线”“杭州网”“余杭发布”等网络媒体和移动客户端也做了同步推送。

七、成都市

2010年7月，成都市城市管理委员会发布了《关于推进生活垃圾分类收集处置的意见》，正式开始社区生活垃圾分类试点工作。2011年，成都市城市管理局进一步公布《关于开展生活垃圾分类收集处置试点工作的通知》，要求各区必须选择3个单位进行试点，可以街道、社区或200户以上入住率85%以上的小区（院落、楼盘）为单位进行试点。尽管试点起步较晚，但成都市在推行速度与模式创新方面卓有成效，并且获得了市民的积极参与。

在社区试点的基础上，2012年，成都市城乡环境综合治理工作领导小组办公室发布了《成都市生活垃圾分类收集中期规划纲要》。到2015年年底，成都市中心城区和二圈层城镇开展垃圾分类投放的物业化服务小区达到了100%。同时，成都市的道路、广场等公共区域将全面实现垃圾收集桶的换装，中心城区共换装约3万个，二、三圈层城镇换装约2万个。

2015年，成都市人民政府办公厅发布了《关于深入推进城乡生活垃圾分类工作的意见》，提出按照“政府主导、社会参与、科学规划、城乡统筹”的思路，坚持“源头减量、资源利用、分级管理、属地负责”的原则，综合运用法律、行政、经济和技术等手段，加强生活垃圾分类全过程的控制和管理，到2025年，全市生活垃圾基本实现分类投放、分类收集、分类存贮、分类运输、分类处置；按照住房和城乡建设部城市生活垃圾“四分类”的指导原则，着力构建城乡统筹、系统完备的生活垃圾管理体系和运营体系，到2025年，全市城镇、乡村生活垃圾分类覆盖率达到80%，资源化利用率达到90%，无害化处置率达到100%，生活垃圾减量化、资源化、无害化水平进一步提升。

成都市的垃圾分类实践将在本书第五章第二节中详细介绍。

第四节　垃圾分类的教育

从发达国家的经验来看，垃圾分类行为习惯的建立和维持是一个长期的过程，其中既包含普及广泛的社会行为规范，也包含从孩子教育开始逐步建立细小的生活习惯。政府主导下的针对社区垃圾分类的教育活动正在逐步推进中。

一、多媒介宣传

充分利用网站、电视台、社区宣传栏、社区推广活动等途径，宣传、普及垃圾分类知识，包括宣传垃圾分类的基本常识，推广垃圾分类的行为规范，展示垃圾分类的设施及标志，以提高公众认知度。采用专用电话、手机APP、现场活动等方式，增加互动。例如，2012年，由北京太合瑞视文化传媒有限公司制作的垃圾分类系列公益广告，涉及厨房、办公室和健身房等不同场景，在央视黄金时段投放，预计覆盖受众数十亿人次。在各地的垃圾分类推广活动中，也有许多有别致创意的设计（图4-4）。

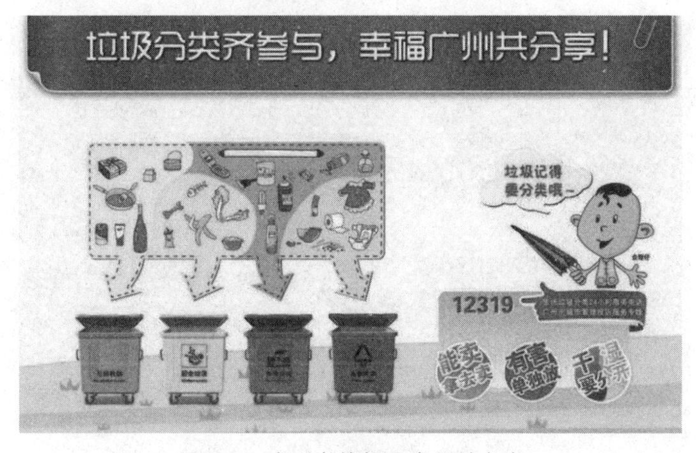

图4-4　广州市垃圾分类公益广告

二、中小学教育

中小学是垃圾分类教育的主力。2014年,教育部公布了《中小学生守则(征求意见稿)》,将垃圾分类、低碳生活写入其中。各地学校也结合自身实际,通过多种形式宣传垃圾分类的意义和具体实施方法。通过征集专题海报、漫画、标语、童谣、诗歌等,以"小手拉大手"的方式让学生将垃圾分类的理念带进千家万户。

杭州市教育局将中小学划分为小学低段、小学高段、初中段、高中段4个组别,开展了垃圾分类教育示范课评比活动,且结合不同学科的内容,组织开展专项教研活动,指导中小学教师将垃圾分类知识融入学校的课堂教学、环境教育和德育活动中。例如,语文课上,《美丽的小路》让学生更多地感受到不乱扔垃圾的好处;思想品德课上,老师手把手教学生垃圾分类的方法;体育课上,老师也能及时制止学生乱扔垃圾的行为;主题班会上,学生则互相交流,进一步学习生活垃圾的分类及垃圾分类的回收标志。

将学校作为垃圾分类的试点单位,试行可回收垃圾桶、厨余垃圾桶和其他垃圾桶,也是引导学生建立行为习惯的有效途径。通过组织日常社区志愿者活动与废物再利用手工活动,增强学生对废物减量的关注,提高学生循环利用的意识(图4-5)。

图4-5　学校的废物利用DIY活动

三、关于固废管理设施的公众教育

扩大垃圾焚烧厂、填埋场、堆肥处理厂等城市公共固废处理设施对公众的开放，通过现场宣传介绍，加强公众对城市固废管理系统的理解，以及对垃圾分类行动意义的认识。例如，始建于2002年的北京市朝阳循环经济产业园，目前已建成并投入运营的项目有：卫生填埋场及配套设施、医疗垃圾处理厂、生活垃圾焚烧厂和厨余垃圾处理厂。通过定期对公众开放，以接待中小学学生参观等方式，承担起向公众宣传的责任。

垃圾分类教育是一个持续不断的过程，需要针对消费者的特点选用有创意的宣传形式。此外，各地在垃圾管理中所面临的问题的优先性不同，分类管理标准也不同，因此分类宣传还必须结合地方特点，依托社区建设，贴近居民生活。

四、政府主推的宣教

杭州市人民政府在推进《杭州市生活垃圾管理条例》落实的过程中，根据各相关主管部门的责任分工，推进宣贯工作，制定了《杭州市生活垃圾管理条例》工作任务分解表（表4-2），不仅很好地做到了责任到位，还起到了很好的宣贯作用。

表4-2　《杭州市生活垃圾管理条例》工作任务分解表（2015年）

序号	工作任务	完成时间	责任单位
1	编制问答资料，通过《杭州政报》和“杭州发布”、市城管委门户网站、微博、微信公众号等网络平台刊登	11月上旬	市城管委
2	编印《杭州市生活垃圾管理条例》单行本、宣传册、知识问答等资料	11月上旬	市城管委，各区、县（市）人民政府
3	会同市人大常委会召开新闻发布会	11月	市城管委
4	通过电视台、电台、报社等新闻媒体和“杭州发布”、市城管委门户网站、微博、微信公众号等网络平台进行宣传	11月启动，持续进行	市城管委，各区、县（市）政府

续表

序号	工作任务	完成时间	责任单位
5	组织市各相关部门，区、县（市）城管局分管领导、业务科室负责人，各街道（乡镇）分管领导、业务科室负责人，执法中队长开展宣贯培训	11月中旬	市城管委
6	分层次对街道（社区）工作人员、执法队员、志愿者、楼道长进行宣贯培训	市级培训结束后	各区、县（市）政府
7	对居住小区开展入户宣传和垃圾投放现场指导，入户宣传率达70%以上，对机关企事业单位进行上门指导	11月启动，持续进行	各区、县（市）政府
8	在垃圾分类小区宣传栏或橱窗、楼道、垃圾投放点、工地围墙设置《杭州市生活垃圾管理条例》的宣传内容，在垃圾袋背面印制相关条款	11月启动，持续进行	各区、县（市）政府
9	开展“垃圾分类环保嘉年华”、市民咨询座谈、有奖竞答等各类活动，对《杭州市生活垃圾管理条例》进行宣传	持续进行	市城管委，团市委，各区、县（市）政府
10	利用“12319”城建服务热线平台，设立市民群众咨询解答、投诉电话专线	11月启动，持续进行	市城管委
11	市区推进垃圾分类工作协调小组工作，对实施生活垃圾分类管理的具体区域提出明确的原则和要求	10月中旬	市城管委
12	各区、县（市）政府以规范性文件的形式明确地向社会公布本辖区实施生活垃圾分类管理的具体区域	11月底前	各区、县（市）政府
13	组织各区、县（市）研究制定《杭州市生活垃圾管理条例》执法的指导性意见	11月中旬	市城管委
14	各区、县（市）政府结合辖区实际制订《杭州市生活垃圾管理条例》执法工作实施方案，逐步开展执法工作	11月底前完成方案制订，实施《杭州市生活垃圾管理条例》后开展执法工作	各区、县（市）政府
15	对《杭州市生活垃圾管理条例》中源头减量、促进措施等相关内容制订实施方案和工作计划，稳步推进	持续并按计划进行	市各职能部门

第五章

国内外社区垃圾分类的典型案例

第一节　政府推动案例

一、广州市社区垃圾分类的案例

广州市作为8个全国垃圾分类收集试点城市之一，前期在垃圾分类上取得的成效不佳。2010年，广州市又掀起了垃圾分类高潮。广州市海珠区宜居广州生态环境保护中心（简称"宜居广州"）自2012年成立以来，一直关注广州市的垃圾管理和垃圾分类，并对广州市社区的垃圾分类情况进行了跟踪和调研。2013年，"宜居广州"经走访发现，有4个社区的垃圾分类工作成果显著，这些社区解决了居民参与率低和垃圾混收混运的问题。现将经验总结如下：

1. 责任要明晰

责任明晰是做好垃圾分类的必要前提。街道办事处是推行垃圾分类的基层行政机关，区城管局的经费和资源都下放到街道层面，街道可自主组织和实施垃圾分类工作，但大多数街道办事处城管科的工作人员缺乏实际且有力的方法来促进辖区内社区的垃圾分类。

工作责任不明晰时，就容易存在互相推脱、效率低下的问题。而在明晰的责任制度下，每个人都知道自己该做什么，目标是什么，从而能高效完成工作。在走访的社区中，区城管局、街道办事处城管科、居委会、物业公司、清洁公司，各自扮演的角色不尽相同。但无论谁是推进垃圾分类的主力军，都须明晰不同相关方的责任，方能保证工作有成效。

2. 监督要到位

监督是令人棘手的问题。垃圾分类是需要全民参与的工作，要改变居民的行为习惯，首先要知道谁的行为习惯没有达到标准。因此，要使监督落到实处，就要做到跟踪每户居民。

海安社区采用专用垃圾袋编号的方式，将市城管委发放的袋子上的编号和居民的家庭门牌号关联到一起并记录下来；天鹿花园采用印制编号让居民贴到垃圾袋上的方式跟踪每户居民的垃圾分类情况；莺岗社区采用上门到户回收厨余垃圾的方式，目标精准、简单，监督工作直接到户并融入日常工作已形成常态化。通过上门收厨余垃圾的方式，居民也可以清晰地看到自己分好的厨余垃圾没有被混合收集，起到了互相监督的作用。这些方法都是目前相对有效的、促进分类的办法，通过监督到户，了解每户居民的分类情况，不仅使得后期的宣传更有针对性，也能更明确地落实责任。

3. 宣传要有针对性

入户宣传和劝导是垃圾分类做得比较好的社区的共同特点。大部分社区是从派袋子、派垃圾桶开始和居民交代垃圾分类事宜的，但随后的居民意见和问题反馈也是必要的，居民能知道自身的分类存在什么问题以及要如何改进。街道办事处和居委会需要搭建畅通的交流渠道，让居民有资料可查询，有人可咨询。

2011年以来，广州市已经进行了大规模的地毯式宣传，从街道的海报宣传，到社区的专栏告示、公共交通媒体的公益广告以及天河区投放在商厦大型电子广告屏的公益广告。可以说，广州市的居民对垃圾分类的知晓率已非常高。那么，接下来要加强的应该是“点”上的深入宣传，即社区内部的、细化的宣传。在“点”上深入宣传，主要依靠基层政府和居委会，使每个人都能接收到正确信息，知道如何进行分类。

天鹿花园在撤桶的时候专门做了撤桶的宣传，派发了意见征求稿和宣传册到每户居民手中，宣传册上列举了许多楼层设桶的弊端。此做法是有针对性地对一件事情进行分析和宣传，可使信息传达更加有效和快捷。

4. 熟人社区好办事

如果社区里的大部分人都彼此认识，劝导工作就会比较容易进行，因为垃圾分类习惯会互相影响。即使社区本身不是熟人社区，熟人氛围也是可以创造的，但可能需要做更多前期工作。可以通过适当的活动和宣传加强居民和工作人员的联系，促进社区良好氛围的形成。以莺岗社区为例，居委会密切留意社区内的人员流动情况，一旦发现某户住进了新租客，就会上门拜访，提醒其办理相关的外来人口事务，为他们提供周到的服务，让他们有家的感觉。

（一）萝岗区联和街道联和社区：责任明晰，监督到户

联和街道位于广州市萝岗区（现已撤销），靠着天鹿南路和广汕公路，北接白云区太和镇。联和街道的垃圾收集和清运由广州柯林企业管理有限公司（简称柯林公司）负责。在这里，垃圾分类形成了一条明晰的责任人链条，垃圾分类有条不紊地按照这条路线执行。联和街道垃圾分类做得比较好的有天鹿花园和黄陂新村两个小区，两个小区均属于村改居，垃圾分类采取定点模式（在居民楼下固定的地点设置垃圾桶用于24小时收集垃圾）。

天鹿花园原有370户居民，居住在3栋楼上。按计划，整个天鹿花园将会有3 000余户居民入住，目前尚有其他住户未搬迁进入。针对这3栋楼的垃圾分类试点方案已于2013年6月1日起开始实施，在原有370户中已有350户参与并做到了正确分类与投放垃圾，参与且准确投放率为94.5%。现将取得效果的关键要素总结如下：

1. 工作思路清晰，工作人员配置完备

萝岗区城管局、街道办事处城管科、柯林公司的负责人是垃圾分类工作方案的制订者和推行者。街道办事处负责制订方案，督促落实，而柯林公司负责聘请2名分类督导员和2名二次分拣员。街道办事处在社区内招募到了13名志愿者（均为小区住户，每个人负责3层楼），开展日常的垃圾收集、检查监督、垃圾分类宣传、入户劝导等工作。社区的垃圾分类宣传栏上有垃圾投放点位置、投放引导、积分措施和家庭分类情况等信息（图5-1）。

图5-1 社区垃圾分类宣传栏

2. 工作流程不断优化,监督到户

在社区调研中发现,监督是最难贯彻落实的一个环节,也是最重要的一个环节。不知道垃圾是谁丢的,就无法做居民劝导工作,做再多的努力,垃圾桶里还是混合得一团糟。综合考虑了人力、经济成本及居民接受度后,天鹿花园采取了居民下楼定点扔垃圾的方式。居民将厨余垃圾放在领取的绿色厨余垃圾袋里,袋子外贴上街道办事处发放的门牌号标签。这样一来,哪袋垃圾是哪家的就能识别出来。一位督导员会在扔垃圾的高峰期守在垃圾桶旁,另一位则进行巡查。督导员会对居民投放的垃圾开袋检查,并详细记录结果(分类准确的记1分),居民每月累积到一定分数可兑换奖品(图5-2)。而对分类不够彻底的垃圾,二次分拣员再进行分拣。随着居民垃圾分类准确性的提高,二次分拣的工作量将越来越小。

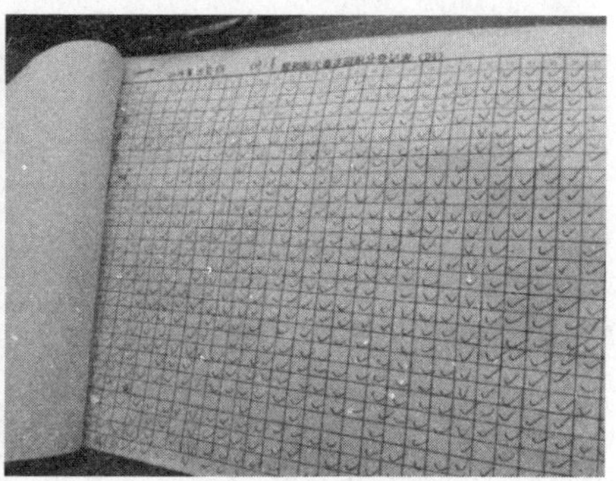

图5-2　贴有门牌号标签的厨余垃圾袋和逐户记录的分类积分情况

3. 入户宣传,工作细致

当记录下分类做得不好的居民后,督导员会上门劝说和教导居民做分类,真正做到“到老百姓中间去”。督导员会采用守点的方式,即逐栋楼突破的方式进行督导。等到一栋楼的垃圾分类准确率提升到目标值后,守点的督导员便会转移到下一栋楼守点,再对这栋楼的居民进行劝说。

垃圾分类是需要全民参与的工作,第一线的保洁人员、督导员更加需要和居民充分沟通。在推广定点投放垃圾前,需要撤掉原来放于楼层的垃圾桶,此举在当时也遭到了不少人反对。街道办事处因此制作了宣传册(图5-3),从楼层投放垃圾会产生二次污染、导致楼道臭味严重、滋生蚊虫和细菌、产生消防安全隐患、造成环卫工人与居民争挤电梯、提高保洁成本等方面进行撤桶劝说，终于成功将垃圾桶撤下来。

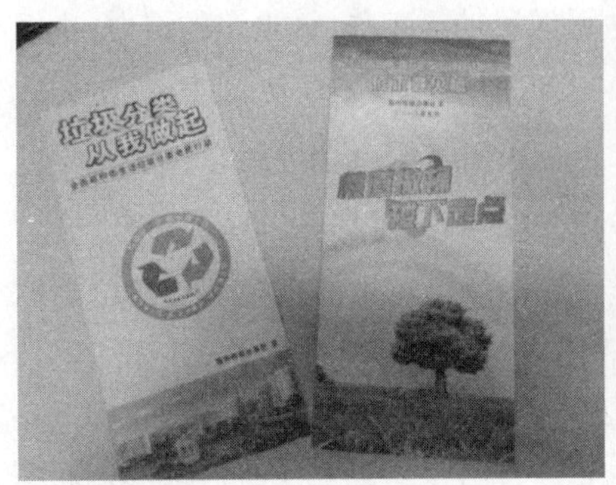

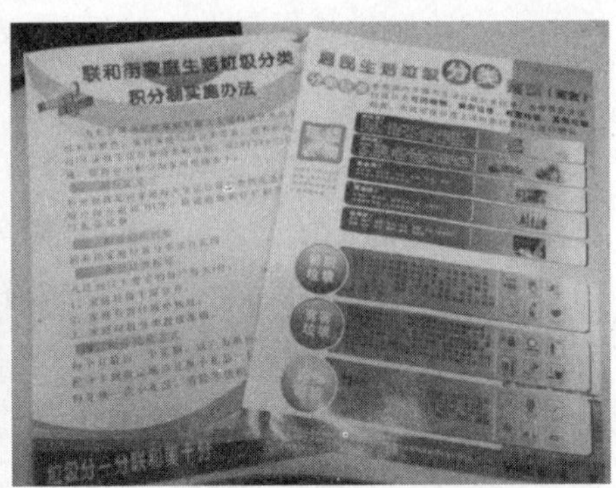

图5-3　各种宣传资料

据观察，厨余垃圾桶内的垃圾袋都是绿色厨余垃圾袋，里面的厨余垃圾还是很纯净的，少有牙签、纸巾。经过1年的实践，参与分类并能准确投放的居民占到90%以上，这是个鼓舞人心的数字，点滴进步都在于每日的功夫。

考虑到成本问题，天鹿花园积分兑换礼品的方案后被取消。天鹿花园的试点工作取得成效后，黄陂新村也开始了试点。

4. 工作中的担忧

工作中最主要的障碍便是经费问题。在这种模式中，成本最大的便是督导员和二次分拣员的工资。柯林公司聘请的人，每个人每月工资3 500元，这笔费用由街道承担，加上其他开销，垃圾分类的经费保障是个大问题。

不过，将成本用在工人工资上并不是坏事，因为垃圾分类这项工作增加了就业岗位，能够为低学历、低收入人群提供就业机会，这是值得鼓励的事情。而且将厨余垃圾分出来后，减少了处理费用，相当于节省了一笔费用，何乐而不为？建议把节省下来的处理费用补贴回街道用于人员工资的支出。另一方面，天鹿花园还有2 000多户未入住的居民，入住的人多了后，如何做好监督并做好这么多人的工作？这一方面，街道办事处城管科的黄先生表示有信心，他认为社会认同和监督机制一旦形成，对居民的习惯养成和行为导向将更加有利。

一个成功实现了垃圾分类的社区，应该已形成了一整套有效的监督和管理机制，且该机制具有可持续性，不因工作人员的变动而失灵，居民环保意识的提升和分类习惯及行为的养成也都是其后续带来的良好效果。

（二）黄埔区文冲街道海安社区：熟人社区，各方合力，成果彰显

海安社区位于黄埔区文冲街南面，管辖范围包括公安宿舍小区（简称公安小区）、黄埔东路845号海关宿舍小区、黄埔新村一期、黄埔雅苑等。公安小区是广州市计量收费的6大试点小区之一，也是广州市“按袋计量收费”的试点小区。从2012年开始，除了中间停顿过1个季度外，居民一直有收到市城管委下发的专用垃圾袋。

公安小区由多栋9层楼梯楼组成，楼梯楼为1梯2户结构。由于是比较老旧的社区，公安小区的物业管理费为0.5元/平方米。

这个小区属于熟人社区，以双职工为主，为黄埔区公安局的房改房小区，居民（现在的居民大概有一半是公安子弟）配合度相对较高。经过走访发现，公安小区的垃圾分类工作主要有以下特色：

1. 亲力亲为，关键人物作用大

公安小区的物业管理费相当便宜，其垃圾分类工作能有今天的成果，离不开物业管理公司职员的尽心尽责和坚持。物业的陈经理做事经常亲力亲为，他负责试点方案的实施和推进。更难能可贵的是，当在推进垃圾分类工作中遇到困难的时候，物业并没有放弃和退缩，而是不断积累经验、改进方法，最后也找到了提高居民垃圾分类参与度和准确率的有效途径。

公安小区采取的是上门到户收集垃圾的方式。物业为广州市红山物业管理有限公司（现为广东鸿山环境集团有限公司）。2013年12月，在公安小区计量收费试点前期，物业撤掉了楼层里的垃圾桶，给每家每户配发了两个小垃圾桶，一个专门盛厨余垃圾，一个专门盛其他垃圾。保洁人员每天晚上7:30—10:00上门到户收集垃圾，居民把垃圾分成两类放在门口。保洁人员每次带两个大垃圾桶上楼，分别收厨余垃圾和其他垃圾。对于厨余垃圾，保洁人员会做开袋检查，若是居民分类做得不好，保洁人员会敲门向居民指出。居委会也会对那些分类做得不好的居民做上门劝导。

公安小区并非一开始就采取了这样的模式。从2011开始，公安小区的垃圾都是由保洁人员收集后在分拣点（位于社区的一个角落）进行二次分拣的。可以想象，这样的分类效果并不好，而且保洁人员的工作环境太糟糕了。于是，在2012年下半年，公安小区开始尝试让居民使用统一提供的分类垃圾袋，再让居民将垃圾扔到楼层的分类垃圾桶内，由保洁人员上楼收集。然而，这种方式的分类效果还是不明显。在2013年12月，公安小区改变为现有的垃圾收运模式，且效果良好。整个小区一共有234户居民，现在已经有210多户居民做到了将厨余垃圾和其他垃圾分开，二次分拣的工作量越来越小。

2. 熟人社区，居民工作易开展

在与物业的交流中得知，与其他小区相比，相同的工作在这个熟人社区里取得的效果会更明显。

熟人社区的垃圾分类较容易成功，其中的共性因素有以下几点。首先，单位宿舍的居民相对比较稳定，而且常年居住在这里，对小区有较高的归属感，都会希望居住环境更好、更卫生。其次，社区结构稳定，居委会跟居民相互熟悉。如果老熟人上门动员进行垃圾分类，居民会更容易接受。最后，熟人社区的居民更容易行动。由于熟人社区邻里间更熟悉，可能会形成一种无形的压力：一旦没有做，容易被熟人知道，会被认为素质低，甚至事情可能会被传到单位里面，难以抬头。图5-4就是社区张贴的居民分类情况评比表和曾经的垃圾分拣点，由于分类情况好转，评比表和分拣点现已不再使用了。由于居民对分类的接受程度较高，因此即使该社区的物业管理费比较低、工作量大，物业公司也愿意积极去推动，并且踏踏实实地去做社区垃圾分类工作。

图5-4　居民分类情况展示和曾经的垃圾分拣点

由此看来，要取得成功，营造出熟人社区的氛围是非常必要的。

3. 袋子编码，方便监督效果好

公安小区在多年的调查中清楚地了解到，落实监督工作是垃圾分类成败的关键。

在物业管理办公室中，居民每领1份垃圾袋，都要登记下门牌号。每捆垃圾袋都有独立的编码，垃圾袋上的编码也登记在门牌号后面。这样，就可以知道每户人家领的垃圾袋是什么号码的。保洁人员收取厨余垃圾后，在登记分类情况时，根据袋子上的编码，就知道哪户人家分得好，哪户分得不好（图5-5、图5-6）。这种方式和联和街道有异曲同工之妙，同样也做到了监督到户，方便之后上门劝导工作的开展。

图5-5　居民分好类后放在门口的垃圾

图5-6　保洁人员收取厨余垃圾后，把厨余垃圾倒入绿色厨余桶里

4. 物业居委，合作默契省力气

海安社区物业的人力并不充足，大量的宣传和劝导工作都是物业和居委

会合作完成的。两方合作默契，居委会主任认为物业从聘请保洁人员、人员培训到宣传等都尽心尽力。同时，物业也十分感谢居委会的宣传以及帮忙做劝导工作。

多方合作，互相信任，分工明确并主动承担责任，这些是垃圾分类工作能出色完成的必要因素。

5. 工作中的担忧

在工作的开展中，依然存在影响垃圾分类进程的担忧。第一，上门收垃圾的模式虽然有利于监督，但成本高，保洁人员的工作量大，需要两个保洁人员同时上楼，背两个大桶也累人。于是有保洁人员要辞职，物业不得不另外请人。第二，物业的盈利问题。垃圾分类工作若无政策上的支持，难以持续。从物业的角度考虑，还是希望能够有两全的方法，使得垃圾分类可持续。

（三）黄埔区鱼珠街道莺岗社区：钱用在刀刃上，激励监督双到位

莺岗社区位于鱼珠街道丰乐北路，是原广州珠江冶炼厂的职工宿舍大院，有住户423户（实为320户），常住人口645人，流动人口267人。社区的楼宇格局多样，有11栋3—4层高的集体宿舍楼和6层、8层高的楼梯楼（1梯2户），以及1栋平房。

从2013年年底起，莺岗社区正式推广"厨余垃圾上门收集+其他垃圾定点投放"的分类模式。推广至今，社区已收获累累硕果，每天在不用二次分拣的情况下可分出1—1.5桶（240升/桶）的厨余垃圾，居民参与率和投放准确率已高达90%。在整个过程中，清洁队、莺岗社区居委会和鱼珠街道都付出了巨大的努力。莺岗社区最关键的两个成功因素在于对居民、保洁人员的到位的激励和精准到户的有力监督，同时还有一个很大的亮点，就是莺岗社区热情服务流动人口，让他们有家的归属感，并向其介绍社区的垃圾分类方法，使其迅速学会分类。

1. 激励监督双到位，居民分类乐呵呵

未开展垃圾分类的时候，莺岗社区和广州市的大部分社区一样，在楼梯间设置了垃圾桶，由保洁人员上楼收集所有的垃圾。正式推广垃圾分类之后，莺岗社区首先采取了"定时定点"模式，不再由保洁人员上楼收垃圾，而是在社区内设置了4个投放点，让居民在18:30—19:30下楼扔垃圾。该模式开

展不久后，工作人员就发现，居民并没有按照规定分类，其间也难以开展监督工作。

为解决居民分类动机不足、监督缺位的问题，社区结合上门收集和定点投放两种方式，设计了“厨余垃圾上门收集＋其他垃圾定点投放”的分类方法。该方法为由保洁人员在每天19:00后上门收集厨余垃圾，居民在听到收集垃圾的音乐声后，将厨余垃圾交给保洁人员（或提前把厨余垃圾放置在自家门口，图5-7）。收集的时候，保洁人员会检查分类情况，对分类有误的居民会即时告知，对分类做得好的居民，在其积分卡上盖章，居民集齐30个印章就可换取10元的购物券（图5-8）。新模式开展一段时间后，街道在激励居民的10元购物券上支出了18 000—20 000元，可见购物券这种激励手段确实受居民的欢迎。该方法同时还要求居民把其他垃圾、可回收物和有害垃圾拿下楼定点投放，投放点的位置和数量与原来“定时定点”模式所设置的一样。

图5-7　保洁人员清理厨余垃圾　　　　图5-8　激励居民的10元购物券

既然保洁人员会上门收垃圾，那居民是否会把其他垃圾也放在家门口呢？保洁人员表示，这种情况的确存在。在遇到这种情况时，若垃圾的量较少，保洁人员还是会帮忙拿下楼的，但如果居民投放量较大或持续投放，保洁人员就不会再帮忙清理。久而久之，居民也会明白不能再把其他垃圾放在家门口。暗检时，有居民表示，饭后散步的时候把其他垃圾带下楼扔其实非常方便，不难操作。

新的模式被居民接受，收到了不错的效果。在2017年1月的暗检中，通过跟随一保洁人员上门收集厨余垃圾，发现在收集的约30户厨余垃圾中，只有1户的厨余垃圾中掺杂了塑料袋，其他居民都做好了分类。入户采访一些居民时，他们表示，最大的感受就是分类后社区变得更加干净、整洁，他们更加认可社区开展的垃圾分类工作。

2. 保洁人员激励到位，关键方共同发力

莺岗社区没有物业，垃圾收集和分类工作由清洁队完成。清洁队有3名保洁人员，且均是社区居民，其工资来源于居民所缴纳的垃圾费与广州珠江冶炼厂的拨款。

在整个流程中，保洁人员负责上门收集、检查分类情况、为居民盖章、指正居民的错误做法等重要工作，是非常关键的力量。另外，对保洁人员的激励做得比较到位。在原有工资的基础上，街道给每位保洁人员300元/月的补贴，同时保洁人员每分出1桶厨余垃圾，会额外拿到15元的补贴，其中，10元是由区城管局支付的，5元是由街道支付的。街道的工作人员说，付出的劳动得到了回报，保洁人员非常开心。

3. 热情服务流动人口，分类到达新广州人

社区的人员流动，特别是外来租客的更替变换会影响整体的分类效果。一是因为宣传难以跟上人员替换的速度，二是流动人员对社区缺乏归属感，不关心社区事务。在推动外来流动人员垃圾分类的工作中，莺岗社区通过努力取得了成效。莺岗社区居委会共有5名工作人员，其中1名是街道派驻的出租房管理员。平时，出租房管理员会密切留意社区内的人员流动情况，一旦发现某户住进了新租客，就会上门拜访，提醒其办理相关的外来人口事务。莺岗社区居委会的一个理念是，先为租客提供周到的服务，使其有家的感觉，然后再向其介绍社区的垃圾分类方法，把宣传资料、积分卡等物料精准地送到他们的手上。

与“定时定点”相比，莺岗社区的“厨余垃圾上门收集＋其他垃圾定点投放”方式有3个方面的优点：①在人力安排上更加灵活；②居民就在家里，不会匆匆赶往其他地方，会更有耐性与保洁人员聊天，让点对点的监督成为可能；③“厨余垃圾上门收集”是个很清晰、直接的概念，能让居民清楚了解如何操作，进而对分类收集有信心，也让保洁人员的任务更加清晰、简单。

在为莺岗社区获得的成绩欢呼的同时，也应该重视成本问题。根据上文

提供的对保洁人员的激励措施可以测算出，从正式推广至此，给保洁人员的补贴接近1万元。加上激励居民的10元购物券，莺岗社区花了不少钱在“软”的内容上。

针对成本问题，社区计划在结束针对居民的激励机制后继续观察激励机制退出后居民的分类情况，再根据实际情况考虑下一步的居民动员工作，而针对保洁人员的补贴机制还处于试行阶段。社区表示，若居民能维持好的分类成果，无须保洁人员再投入过多的精力做检查和沟通，有可能对保洁人员的激励机制也会慢慢撤出。因为无法预测物质激励对居民分类成效的影响程度，社区也无法预计未来在这方面的成本投入。目前担心的是，社区的资金来源是否稳定？如果不稳定，是否会在未来影响社区的垃圾分类成效？

（四）越秀区华乐街道华侨新村：定时定点，摸索中前进

华乐街从民国时期开始就是广州市的英国人聚居地，中华人民共和国成立后，华乐街成为华侨生活区。这里因为生活设施齐全，风格欧化，吸引了许多外国人，成为典型的“foreign town”。华侨新村环境幽静，多为低层楼，也有独门独户的别墅。

华乐街道在推行社区垃圾定时定点分类投放措施过程中取得了一定成果。2014年3月，华乐街道垃圾分类宣教馆开张，承担起了环境教育和志愿者招募及管理的职责（图5-9）。

图5-9 华乐街道垃圾分类宣教馆开张

1. *试点启动有节奏，讲策略*

华乐街道办事处在做垃圾分类工作时，十分注重制订、推进方案，总结经验，改善和再实施，每走一步，都会有充分的成本分析和经验总结。华乐街道办事处讲究策略，并最终形成了自己独有的操作流程，且形成了文案。

定时定点收集相对于在楼层里设桶而言，是成本较低的垃圾分类模式。街道工作人员尝试从居民的习惯养成入手来做劝导工作。于是，华乐街道的垃圾分类工作从2013年7月开始启动，先从设立试点小区开始，待运作顺畅后逐步复制到其他小区。

整个操作流程从地毯式宣传开始，方式包括张贴倡议书、温馨提示、桶点分布图，上门入户宣传，组织居民参加宣讲课和社区活动，放置移动宣传栏和倒计时牌等，整个宣传期长达1个月，先在社区里形成氛围，然后进入实施期（图5-10—图5-12）。在实施期，撤销了楼层里的垃圾桶或者不再派人上楼收垃圾，居民需要每天在固定的时间到固定的地点来扔垃圾。但是在实施初期还是设置了平稳过渡阶段，在开始的第2、5、10天派人上楼收垃圾，第10天后不再派人上楼收垃圾。不断延长派人上楼收垃圾的时间间隔，逐次统计哪些居民在家门口放垃圾，并在该居民的门前贴提示，对屡次不改者再上门做劝导。待实施期满1个月后组织1次楼道清洗，把原来楼道里放垃圾的地方清洁干净，让居民感受到撤桶其实更有利于楼道卫生。

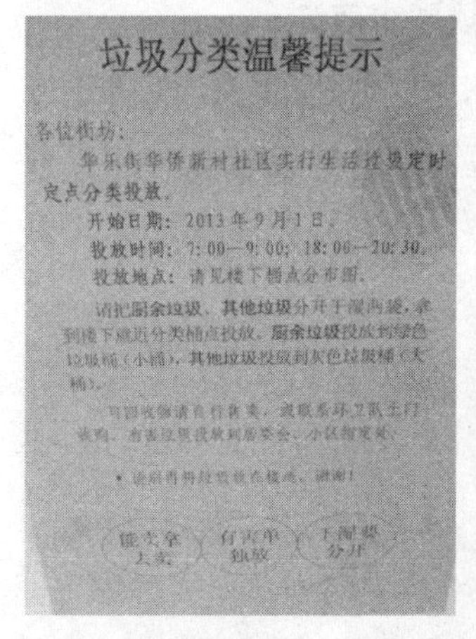

图5-10　楼道里张贴的垃圾分类温馨提示

图5-11　宣传横幅

图5-12　垃圾分类宣传海报及桶点分布图

以华侨新村为例,在宣传期结束后,2013年9月1日起,华侨新村进入定时定点投放模式。保洁人员在投放时间之前,将厨余垃圾桶和其他垃圾桶放到指定的投放点,居民在每天7:00—9:00和18:00—20:30将垃圾拿下楼并到投放点投放。刚实施时,在每个投放点旁都会有志愿者进行劝导,提醒居民应该怎么分类。这些志愿者都是下班后加班服务的街道工作人员。由于人力不够,每个保洁人员要负责几个投放点的巡查。保洁人员用长铁钩对居民扔的厨余垃圾进行破袋检查,对分得不好的做二次分拣,将混入厨余垃圾中的塑料、竹筷等挑拣出来,放入其他垃圾中。投放时间结束后,保洁人员负责将垃圾桶转移到固定地方。垃圾车分时段来收运其他垃圾和厨余垃圾。

据观察,来扔垃圾的大部分居民都参与了分类,把垃圾分成厨余垃圾与其他垃圾两袋,但是准确率还不是很高。居民中有较少人愿意停留下来听从保洁人员的建议。据保洁人员讲,采用定时定点的方法后,他们不用再上楼收垃圾了,工作量相对减小了,做二次分拣也不会觉得费劲,相比以前,更喜欢现在的垃圾收集方式。

华侨新村的垃圾分类参与率有六七成,在街道众多社区中处于领先位置。现在街道办事处的工作人员在尝试招募志愿者,想让志愿者在居民投放垃圾的时间段站在桶边,劝导并督促居民做分类。

2. 发动志工有方法,合众力

社区垃圾分类的入户宣传是让人颇感头疼的。住户多,而居委会人员有限,此时就需要街道办事处开展组织工作。

有100多位志愿者参加了试点前期的宣传工作,这些志愿者包括来自居委会、家庭综合服务中心的人员以及社区居民等。宣教馆开张后,华侨新村又开始广泛招募志愿者,在中小学生、大学生、企业员工等各类人群中发布招募消息,并成功招募到数百名志愿者。宣教馆工作人员希望能招募到500名志愿者,并从中选拔50名骨干来做垃圾分类的后续推进工作。考虑到部分居民还是不能很好地分类,志愿者会在桶点旁做"微笑指引",身穿志愿服,手持"大拇指",耐心劝导居民做分类。目前志愿者人数已破百。志愿者的活动也较丰富,如从源头减量上考虑,开展针对商家的少用一次性用品及包装的倡议活动。关于之后的工作要如何开展,街道办事处的工作人员也在摸索中。

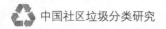

许多社区都遇到了难觅做宣传倡议的志愿者的问题，且志愿者参加活动不持续，力量薄弱，而华乐街道更懂得从社会中广泛吸收资源，并将垃圾分类做成了环境教育，这一点难能可贵。

3. 垃圾分类是实事，贵坚持

垃圾分类是实实在在的工作，固然每个社区所碰到的问题不尽相同，但为什么有些社区做得很好，有些则做得不好？答案为二字箴言，坚持！

华乐街道在推进垃圾分类的过程中，最难动员的就是有物业的小区。街道曾接触过一个大单位的物业，希望与其同步进行垃圾的定时定点投放和收集，结果被拒绝了。虽然这个单位比较大，但街道也没有放弃，一直坚持与其沟通，最后，该单位答应进行垃圾分类，虽然方案改为定点不定时收集，但街道也要求单位必须做好分类，否则不再清运垃圾。最终，这个单位的垃圾分类也取得了良好的效果。

任何工作都会遇到问题，没有问题才是最大的问题。推广垃圾分类要始终保持的信念是：办法总比问题多。

（五）结语

成果硕多，但隐忧也存在！

第一，无可否认，华侨新村的“定时定点”模式是成本相对较低、可操作性强的垃圾分类模式，但在最关键的一环——监督上，尚没有找到有效的办法。“定时定点”模式下如何有效监督居民的分类呢？有人用摄像头，有人在桶旁劝导，但这些方法都没有触及核心问题：责任到人，监管到户。志愿者的宣传只能起到辅助作用，居民只有真正“动起来”，才能真正做好垃圾分类。

第二，偶有居民在垃圾桶定时撤走后将垃圾放在垃圾桶原来的位置上过夜，在没有做到监督到户的情况下，难以判断是哪一户的垃圾，不能针对性地对居民进行劝说。

第三，居民有疑问。厨余垃圾污染的纸和塑料不也应该放进厨余垃圾桶吗？湿垃圾不就是指“湿”的有水垃圾吗？那变湿了的纸巾、塑料不就是该放入湿垃圾里吗？可见，由于认知上的差异，居民在分类的操作上有了差别。甄别出这一类居民，知道他们是谁，才能采取更有针对性的方法让他们准确分类。

第四,资金问题。整个越秀区的环卫站都靠自筹自支的方式运作,上级给的补贴很少。推行垃圾分类前,垃圾费的收取比例高达90%以上,而推行定时定点后,费用收取率有所下降(80%左右),使得原本紧缺的费用变得更加少了。

二、广州市推进垃圾分类长效机制建立的案例

在党的十八届三中全会的要求下,生活垃圾分类工作已然得到各级政府的重视。广州市按照全国生活垃圾分类示范城市的工作要求,把生活垃圾分类处理工作作为城乡管理的一项重要内容和政府公共服务的一项重要职责,坚持"先减量、分类、回收利用,再无害化焚烧、生化处理、填埋"的技术路线和"政府主导、社会参与、企业运作、全民动员"的基本原则,切实加强垃圾分类管理。广州市结合年度工作计划,选取10条街道先行建立垃圾分类长效机制,旨在通过"政府推动、市场运作、优势互补、依法依规、合作共赢"的思路,引进社会企业参与垃圾分类,建立垃圾分类长效机制,解决垃圾分类经费、人手不足的问题,解决垃圾分类动力不足与任务繁重之间的矛盾,突破垃圾分类的发展瓶颈,推进垃圾分类的可持续发展,为居民营造整洁优美、规范有序、和谐文明的生活环境。

(一) 内容与步骤

按照积极主动优先、自觉自愿和因地制宜原则,广州市在全市12个区(县级市)中选择10条街道,借鉴荔湾区西村街道的经验、做法,引进企业参与垃圾分类,开展生活垃圾分类宣传、体系建设、回收利用等活动,建立垃圾分类长效机制,助力街道垃圾分类管理。

1. 准备阶段(2014年9月20日—10月15日)

(1) 由市城管委办公室按照招投标管理办法,征选首批参与垃圾分类的企业3—5个,建立垃圾分类企业参与资源库。

(2) 由区、街道在企业资源库中选择企业并达成双向合作协议,明确责、权、利和合作方向、模式、内容等。

(3) 由市城管委委托有资质的认证机构,对垃圾分类长效机制建设进行

标准化认证;委托第三方机构组织监督检查和评估评价先行街道垃圾分类长效机制的建设情况。

(4) 由市城管委负责落实垃圾分类长效机制的建设费用。先行街道以每街10万元计算。以后争取将垃圾分类长效机制建设预算按每千户5万—8万元或每户50—80元的标准纳入财政预算。

(5) 由市城管委负责支持有条件的街道购置厨余垃圾减量设备,预算以每街5万—8万元计算,开展厨余垃圾就地简易处理、专门运输工作。

2. 实施阶段(2014年10月15日—12月15日)

(1) 建立街道垃圾分类促进中心,招募和组建促进中心管理团队。

(2) 全面摸查街道垃圾的产出情况及组分情况,并建立数据库。

(3) 建设社区低价值可回收物(包括废玻璃、废木材、废塑料、废布碎、废皮革、大件家具等)便民回收服务店,招募和组建低价值可回收物便民回收队伍。

(4) 建立并健全有害垃圾和可回收物回收体系,实现有害垃圾和低价值可回收物回收全覆盖。

(5) 完成本年度生活垃圾"定时定点"分类投放模式扩面的任务。

(6) 实现对已分类和就地简易处理的厨余垃圾登记产量、运输责任和去向。

(7) 定期开展进学校、进社区等垃圾分类宣传活动。

(8) 全面落实《关于街道和社区居委会落实垃圾分类相关规定措施的指导意见》和《关于规范物业管理小区垃圾分类投放和作业流程的指导意见》。

(9) 实现进入终端处理设施前街道生活垃圾减量8%。

3. 评估阶段(2014年10月15日—12月31日)

(1) 2014年10月15日—12月15日,过程评估。

(2) 2014年12月16日—12月31日,集中评估。

(3) 发布评估报告。符合长效机制建设的,依法依规落实先行街道垃圾分类长效机制的建设费用和减量补贴。

4. 完善长效机制(2015年起)

以垃圾分类长效机制建设认证为手段,实行第三方评估评价,将街道垃圾分类长效机制建设纳入政府预算。

（二）保障措施

1. 加强领导，精心组织

成立组织领导小组，由副市长任组长，由市固体废弃物处理办公室主任、市城管委主任任常务副组长，由副主任以及发展改革、财政、经贸、环保部门分管领导任副组长。由市城管委分类处牵头，环卫处、设施处、科信处、计财处、废物管理中心、技术研究中心、设备厂配合实施。市城管委负责统筹实施方案，区城管局协调和推进辖内工作，先行街道全面组织开展垃圾分类长效机制建设。

2. 狠抓落实，注重实效

各区、街道要结合辖区实际，制订实施方案，建立相应工作机制，在经费保障和人员配备上落实到位，确保工作实效。

3. 强化协作，形成合力

引进企业参与垃圾分类，是理顺政府与市场、政府与社会关系的重要举措，市直、区直各相关部门要加强沟通协调，形成合力。

要边干边总结，发现问题，解决困难，总结经验，为规范化引进社会力量参与垃圾分类提供参考借鉴。

（三）西村故事

西村街道位于荔湾的西北部，东与流花商业区相连，南联西关腹地，西倚珠江与南海区相望，北邻白云区石井镇；面积为3.27平方千米，占荔湾总面积的27.71%；人口有8.4万，约占全区总人口的16.15%。西村街道管辖西湾、大岗元、长乐、西湾东、广雅、环市西苑、增埗、协和8个社区。西村街道居民区以工业企业家属区、成熟物业小区和城市老社区为主，街道内还有众多机关、企事业单位和商业活动单位。西村街道是广州市老城区里的老社区。

为探索解决“垃圾围城”问题的长效机制，挖掘“城市矿产”、构建循环型社会已迫在眉睫。基于“政府主导、企业主体、街道组织、群众参与”的合作理念，广州市分类得环境管理有限公司（简称分类得公司）于2013年8月5日与广州市荔湾区西村街道共建西村街道垃圾分类促进中心，正式合作开展全面垃圾分类管理机制的探索。按照广州市对垃圾分类工作的统一部署，西村街道与分类得公司建立合作关系，把具备市场化运作条件的垃圾分类工作交给社会企业推进，把不能市场化或暂时不具备市场化运作的垃圾分类工作交由街道办事处兜底；同时，在宣传工作及有害垃圾回收、低价值可回收物回收等方面，街道给予企业一定的经费补贴，支持市场力量参与建设垃圾分类的长效机制，以期达成政府和企业双赢的长远目标。尽管工作中的具体做法历经了更迭、创新、完善，但分类得公司在西村街道探索实践的宗旨始终未变，那就是努力建立促进居民和机团单位参与垃圾分类的街道（前端）管理分流机制，为整合和发展中后端转运、交易、处理的循环经济低碳产业链奠定物流基础。

分类得公司成立于2008年4月，原名为广州市分类得家具用品有限公司。2010年5月，企业正式变更为广州市分类得环境管理有限公司，注册资本500万元。公司将市场定位于城市生活垃圾管理服务领域，目标是成为国内领先的城市生活垃圾分类减量一体化解决方案服务提供商，具体包括：第一，分类得将节能环保领域作为自己的事业，改变当前国内包括广州市再生资源回收散漫的管理状态；第二，分类得将把城市生活垃圾小、散、乱的作坊式管理模式升级为“资本密集、技术领先、管理出色”的现代企业运作模式；第三，分类得将用独有的商业模式对其行业价值实现模式进行重构。

基于“政府主导、企业主体、街道组织、群众参与”的合作理念，分类得公司在街道的监督和协调下，在街道建立垃圾分类管理与服务平台，主要开展以下6个方面的工作：成立并由企业具体运作街道垃圾分类促进中心，开展垃圾量的数据调查和产出登记，吸纳和引导各类资源回收从业者，开展有害垃圾回收全街道覆盖，组织低价值可回收物专项回收与宣传活动，探索建立厨余垃圾单位收运登记体系。通过几年的理论探索与西村街道垃圾分类减量化实践，公司逐渐形成了可推广、可复制、可借鉴并极具示范意义的城市生活垃圾分类减量一体化解决方案。

1. 成立街道垃圾分类促进中心

街道办事处免费提供独立的办公场地，企业提供专业的运营团队和服务团队，双方共同成立街道垃圾分类促进中心（简称促进中心）。企业负责招聘人员，并通过一定的知识和技能培训使其担任促进中心的环境管理员。同时，企业配置办公设备和垃圾分类数据服务终端，由环境管理员负责环境调查监督、试行管理机制和搭建运作架构，并根据群众需求开发垃圾分类便民服务及对各垃圾分类便民回收点开展日常管理，将促进中心作为街道垃圾分类的指挥部。

2. 建立街道垃圾分类工作信息数据库

以促进中心为主体，分类得公司对西村街道管辖的社区的所有路面商铺、机团单位的基本情况和排放的生活废弃物的种类、数量等数据进行调查，建立街道商铺和机团单位数据档案。促进中心的环境管理员定期复查，逐步厘清各单位的各类型垃圾的实际产出情况和流向，形成街道垃圾产出单位的动态数据库和本底资料，并绘制全街垃圾产出点的数据地图，初步奠定垃圾产出点数据库动态管理基础。按照各自产出垃圾的主要种类，通过对西村街道全部8个社区的所有路面商铺、机团单位的基本情况和排放的生活废弃物的种类、数量等数据进行调查，促进中心把街道主要的787个垃圾产生点分为69个类型，建立数据档案（表5-1—表5-4）。每个类型都有1种或几种主要产出垃圾，可以通过逐步开展有针对性的独立回收，不断减少流入原有环卫收运系统的垃圾种类和垃圾量。

表5-1　西村街道基础信息摸查统计汇总表

	街道推广面积（平方千米）	社区数量（个）	小区数量（个）	楼宇栋数（栋）	垃圾产生点（个）	常驻户数（户）
西村街道	1.44	8	61	1174	3638	16460

表5-2　西村街道辖区内的商铺和机团单位统计数据汇总表（单位：间）

类型	数量
生活服务	141
专业服务	45
零售百货	94
商业销售	48
各类机构	60

续表

类型	数量
餐饮食肆	114
轻工食品	34
生蔬生鲜	19
休闲娱乐	9
医疗医药	14
培训机构	14
五金建材	34
其他机团单位	18
待营业或招租	84
合计	728

表5-3 西村街道垃圾产生点类型汇总表(单位:个)

专业服务	自行车店	4	汽修店	9	餐饮行业	饭店	7	快餐店	96
	照相馆	2	美容店	25		面包点心店	18	小食店	28
	银行	7	交通运输公司	6		小计:149			
	消防用品店	1	家政公司	1	果蔬生鲜	花店	9	市场	1
	洗衣店	2	加油站	1		水果店	10	蔬菜店	4
	五金店	16	广告公司	11		小计:24			
	维修店	9	发廊	27	轻工食品	茶叶店	9	粮油店	8
	推拿按摩店	8	地产公司	18		烟酒店	11	凉茶店	5
	投注站	8	殡葬公司	1		牛奶店	7		
	通信公司	12	废品站	3		小计:40			
	水站	12	旅行社	1	建筑建材	装修店	16	装修材料店	4
	小计:184					小计:20			

续表

便利百货	杂货店	94	书店	1	培训机构	补习社	12	早教机构	1
	便利店	11	超市	7		驾校	5	琴行	1
	眼镜店	5	家居用品店	11		小计:19			
	文具店	4			服装纺织	服装店	42	纺织店	4
	小计:133					小计:46			
机构组织	居委会	8	仓库	7	悠闲住宿	酒店	11		
	社区服务单位	12	公园	1		小计:11			
	机关单位	4	管理处	4	医疗医药	保健公司	7	医院	2
	私营单位	22				药房	8	诊所	2
	小计:58					小计:19			
休闲娱乐	网吧	3	体育馆	2	学校	小学	4	幼儿园	8
	棋牌室	2				中学	5		
	小计:7					小计:17			
待营业或招租	待营业或招租	60			合计:787				
	小计:60								

表5-4　西村街道辖区内平均日产生活垃圾量统计数据汇总表(单位:吨)

垃圾总量	居民生活垃圾量	机团生活垃圾量	马路垃圾量	低价值可回收物量	高价值废品量	有害垃圾量
65.55	39.57	18.24	1.83	2.6	0.59	0.0032

3. 规范再生资源回收队伍,完善再生资源回收体系

环境管理员通过与资源回收从业人员、流散的“收买佬”洽谈开展各类专项回收活动等方式,吸纳和引导“收买佬”接受促进中心的信息登记管理和培训,使其统一着工作服为居民提供垃圾分类指导服务和便民回收服务;再通过安放外观鲜明的小屋,强化垃圾分类便民回收服务点建设,完善便民回收

服务点回收低价值可回收物的功能。以每个点服务约500户居民为基数，在每个社区开设垃圾分类便民回收服务点。服务点人员来自被收编并正规化管理的本地“收买佬”，通过专业培训，鼓励其赚取更多合法收益，同时为社区居民和机团单位提供垃圾分类指导和资源回收服务。根据调查，促进中心有针对性地开展了促进各垃圾产出点垃圾分类的管理工作，包括：①通过组织合作式的专项回收活动，引导街道内“收买佬”接受信息登记管理并进行独立建档。登记发现，西村街道共有40多名“收买佬”，其中固定蹲点回收的有25名，流动回收的约20名。至今，与促进中心合作并接受登记的有48名，其中有45名领取了工作服，长期参与专项回收活动的有9名。②按照垃圾产出点的分布情况，在街道内张贴486张垃圾分类便民服务指南，建立17个指示和便利“收买佬”蹲点的便民回收服务点，对宣传点和服务点全部实行独立编码的数据地图管理。从2014年5月起，为强化有害物质回收全街道覆盖，已在街道内的居民区设置了165个有害物质收集点，每个收集点均悬挂1个有害物质收集箱，张贴1张宣传指引；同时，为完善便民回收服务点回收低价值可回收物的功能，在原有的便民回收服务点上有取舍地安放了15个外观鲜明的小屋。

促进中心通过对街道辖区内的垃圾量进行调查，引入资源收购商来引导“收买佬”和环卫工人向居民提供分类回收服务，使资源收购商、“收买佬”和环卫工人在提供服务中获取分流资源的收益；再通过相应的技术手段采集三者在提供服务时所产生的精确数据，从而引导整个“城市矿产”交易和再生处理产业的发展。在此垃圾分类管理与服务过程中，由于“收买佬”和环卫工人所提供的面向群众的分类回收服务是深入到户的，因此促进中心通过技术手段所采集到的资源数据，以及根据该数据构建的管理云数据库也是深入到户的（图5-13）。有了深入到户且动态更新的管理云数据库，促进中心就有了向每户居民提供更宽泛和贴心的社区服务的基础，同时也有了向各级行政部门提供不断精细化的管理数据的基础。这有利于各级政府推进“干净、整洁、平安、有序”的城市环境工作，提升各城市的竞争力和人民群众的满意度。

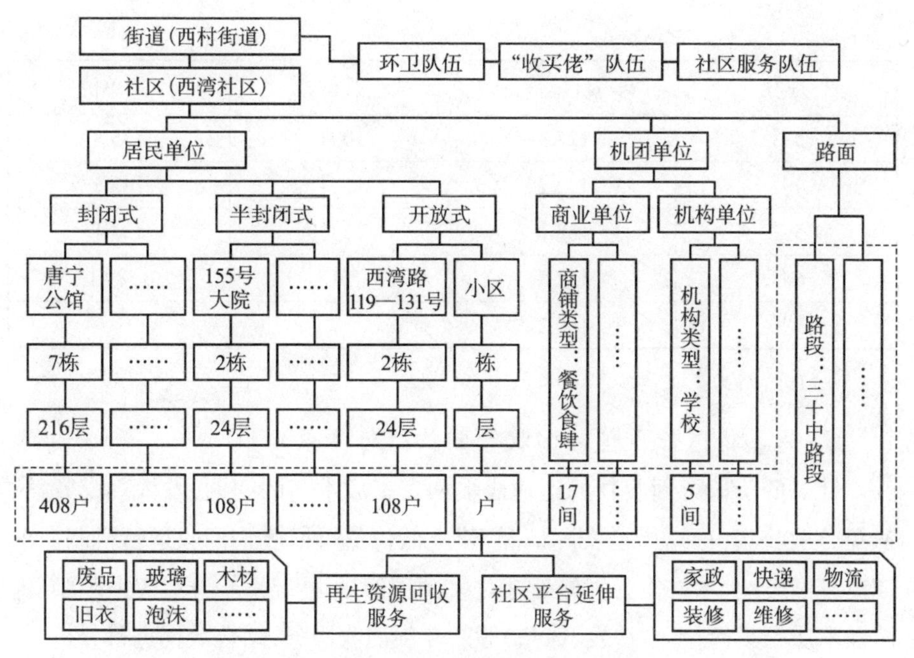

图5-13　街道再生资源回收网络结构示意图

4. 建立街道有害垃圾回收体系

通过悬挂有害垃圾收集箱和张贴宣传指引，建立街道有害垃圾回收点，并逐步指导全街道五金、医药商铺协同开展有害垃圾回收。每个有害垃圾回收点的垃圾由促进中心工作人员定期进行回收和分类，有条件的可建立有害垃圾临时贮存展示场所，对回收的有害垃圾进行分类、封存并记录数据（表5-5），做到"有害单独放"的警示宣传和定点回收，达到街道有害垃圾回收全覆盖。2014年6月，促进中心开始悬挂有害垃圾收集箱，促进中心的工作人员每隔3天对有害垃圾回收点进行1次回收登记，街道有害垃圾的回收量稳步增长。

表5-5　2015年西村街道居民有害垃圾回收数据汇总表

月份	回收量(单价:斤)	月份	回收量(单价:斤)
1月	102.9	8月	113.2
2月	141.0	9月	146.5

续表

月份	回收量(单价:斤)	月份	回收量(单价:斤)
3月	127.3	10月	135.3
4月	132.2	11月	145.5
5月	138.1	12月	194.4
6月	152.5	合计	1689.1
7月	160.2		

注:1斤=500克。

5. 完善街道低价值可回收物回收运行体系

针对低价值可回收物的运输成本和人工成本高的问题,发挥规模效益,避免分散收集,根据街道实际情况,建立低价值可回收物回收运行机制。前期以废旧玻璃、木材作为优先处理对象,根据实际情况逐步开展废旧胶纸、泡沫及木质家具(暂不含沙发、床垫)等的专项回收服务,结合数据进行分析,全面推进辖区内的低价值可回收物分流。2013年11月起,促进中心设立了西村街道玻璃和木材便民回收点,截至2014年12月31日,14个月内共回收木材428.07吨、玻璃125.93吨,平均每个月约回收木材30.58吨、玻璃9吨。进入2015年后,1—6月共回收木材340.32吨、玻璃68.95吨,平均每个月约回收木材56.72吨、玻璃11.49吨(表5-6)。

表5-6　西村街道低价值可回收物回收统计表(单位:吨)

2015年	废旧木材	废旧玻璃
1月	73. 32	13. 89
2月	18. 29	4. 43
3月	44. 85	12. 37
4月	58. 95	14. 31
5月	58. 28	13. 41
6月	86. 63	10. 54
7月	52. 23	8. 53
8月	99. 17	14. 04
9月	53.00	6. 82

续表

2015年	废旧木材	废旧玻璃
10月	82.47	7.72
11月	75.43	11.15
12月	66.47	10.25
合计	769.09	127.46

6. 全方位开展垃圾分类宣传活动

以促进中心为主体，在促进中心内设立垃圾分类业务回收热线和垃圾分类咨询热线，在辖区内定期开展垃圾分类相关的大小型活动。对机团单位开展垃圾分类培训，对街道环卫工人和物业保洁人员开展垃圾分类操作业务培训，利用周末时间在居民社区定期开展有害垃圾、废旧玻璃、废旧木材、废旧纺织物等低价值资源的回收与宣传活动，通过回收服务促进社区居民掌握垃圾分类知识和技能，同时建立常态化的垃圾分类宣传运作机制。

7. 监管街道厨余垃圾

以促进中心为主体，组织检查并登记街道辖区内的餐饮机构和机团单位，摸清辖区内餐饮单位厨余垃圾的实际产出量，实行厨余垃圾产出单位登记排放管理，建立产出单位排放登记和电子申报制度，根据及时反馈的数据，定期汇总提交单位的垃圾信息数据并据数据进行监管。促进中心逐步建立辖区内厨余垃圾独立收运的方式，帮助街道进行厨余垃圾独立分流和减量。据调查，西村街道现有的产生厨余垃圾的单位有农贸市场、花店、水果店、机关单位、餐饮食肆等，垃圾种类包括泔水、绿化枝叶、市场厨余垃圾、果蔬生鲜剩料等。目前有138家餐饮店在正常营业，平均每天产生的厨余垃圾总量约3.53吨，环卫处理量约0.83吨（此数字由环卫工人提供），非环卫处理量约2.7吨。换言之，西村街道的149家餐饮店平均每月产生厨余垃圾约105.9吨（节假日或季节因素对所调查的厨余垃圾量有影响），平均每月非环卫处理量达到81吨，占比达到76%。因此，可设计培育4—8家泔水回收单位，以定时定点的方式对辖区内餐饮食肆的泔水进行收运，再统一将废油渣送往正规企业进行处理，最终形成正规泔水回收处理产业链。

8. 与国内优秀的科研机构建立合作关系，并以厨余垃圾为切入点，探索生化处理技术路线

分类得公司先后跟广东省农业机械研究所复合肥工艺及设备研究开发中心、广东省昆虫研究所、中国科学院广州分院等科研机构开展技术合作，并在城市近郊农庄内成功开展“日处理30吨厨余垃圾用于生产蝇蛆和有机培植土”项目，项目成果获得广东省农业科学院认可。

西村街道垃圾分类减量一体化方案的实施经验可归纳为以下几个方面：

(1) 认为解决城市生活垃圾问题需要建立统一指挥的行政资源整合平台，需要城市生活垃圾分类减量一体化方案。虽说垃圾是放错地方的资源，但事实上人人都讨厌垃圾。垃圾是天天都产生的，这决定了垃圾处理不能仅是一项任务，而需要建立长效机制。城市生活垃圾因其具有垃圾与资源的两面性，使得垃圾分类横跨了公共服务与商业服务两大领域，这就要求我国调整现存的条块分割的行政工作方式，通过建立统一指挥的行政资源整合平台来协调垃圾分类相关工作，最终培养出一批遍布垃圾分类处理产业链集群各环节的领军企业。因各类生活弃置资源混合投放、相互纠缠、交叉污染，无法使垃圾进入资源循环的工业生产流程，从而使其成为社会必然产生、市场价值缺失、城市必须清运之物。然而，做好垃圾分类，将各类生活弃置资源按属性归类，那么符合工业化标准的资源就出现了。市场价值的凸显使垃圾的生成与收运可以利用企业运作的市场机制，达到垃圾无害化、减量化、资源化的目的。故而，在把垃圾看作资源、确立垃圾分类思路的基础上，政府需要调整现存的条块分割的行政工作方式，通过建立统一指挥的市、区、街三级行政资源整合平台来协调垃圾分类相关工作，形成“政府引导、企业运作、街道组织、群众参与”的垃圾分类工作机制，最终引导并培育出一批以龙头企业为主的垃圾分类处理社会参与力量，打造出生产力大解放的循环经济低碳产业链集群。与现阶段企业参与广州市垃圾分类的主流模式不同，西村街道办事处与分类得公司的合作未派人员进行人工二次分拣，并不遵循传统废品买卖的经营思路——使原本混入生活垃圾的大量可再生资源更多地被分拣出来，最后集成大宗商品销售至传统资源回收产业链；而是另辟蹊径，通过创新垃圾管理的模式，把各层次、各领域的社会力量都引导并整合到新型的垃圾分类循

环经济产业链上。

(2) 初步形成了符合我国国情、行之有效的城市生活垃圾分类减量方案。“西村案例”的探索与实践,启示政府及相关部门要做好顶层设计,引入企业,创新社区垃圾分类前端作业机制,通过明确区分街道办事处与企业的责、权、利,让企业具体运作街道垃圾分类促进中心,可以把垃圾分类推动工作中非政府部门力所能及的垃圾分类服务剥离出来,交给有能力、有意愿的企业操作,解放、协助政府部门更好地落实垃圾分类的推动和监督工作,从而形成推进垃圾分类的“政府主导、企业主体、中心运作、公众参与”的长效机制,为我国开发“城市矿产”、构筑循环社会奠定良好的基础。为此,我国要进一步推进现行的垃圾管理体制的改革,为构建“政府主导、企业主体、中心运作、公众参与”的垃圾分类长效机制创造空间。

(3) 以市场运作的方式,创建了我国首个街道垃圾分类促进中心,全面统筹街道垃圾分类回收工作。现阶段,垃圾分类推动工作是街道办事处的一项新的行政工作,至今缺乏专职、专业的工作人员与经费配置。通过合作共建街道垃圾分类促进中心,街道引入有意愿、有能力的企业具体运作促进中心,在街道的监督下,企业根据街道内的具体情况组织垃圾分类指导、提供垃圾分类服务、开展垃圾分类宣教,从而落实了引导群众和机团单位参与垃圾分类的垃圾分类推动工作。

(4) 规划了基于大数据的城市垃圾分类与资源化数据管理系统的设计方案,建立了城市垃圾产生点分布数字地图。垃圾产生点管理数字化有利于城管部门调配运输车辆和垃圾运输路线,实现对垃圾运力和预算规划的科学决策;同时,还有利于市政府出台垃圾分类减量补贴政策,为落实引入社会资本参与全市垃圾分类工作奠定顶层设计的基础。在实践中,分类得公司运作的西村街道垃圾分类促进中心,把街道力所不及的垃圾产生点情况巡查、提供便利垃圾投放分类的各种回收服务、通过服务开展常态化分类宣教有机地结合起来,做到了针对各类垃圾的产生情况提供有区别的垃圾分类指导和多途径的垃圾分类后资源回收服务,规划了基于大数据的城市垃圾分类与资源化数据管理系统的设计方案,建立了城市垃圾产生点分布数字地图。

(5) 建立了有害垃圾回收体系与低价值废弃物回收体系。促进中心根据社区调查结果,设置有害垃圾收集点。目前,促进中心的工作人员每周进行1次巡查,每周统一进行1次回收登记;此外,促进中心还与辖区内的中小学签订了《有害物质回收协议》,指导全街道五金、医药商铺协同开展有害垃圾回收活动。促进中心还与辖区内的机团单位建立了有害垃圾电召回收服务,辖区内的机团单位只需打一个电话,就有专业回收人员上门收取有害垃圾。促进中心对社会回收队伍进行规范和监管,针对回收低价值废弃物的回收商,促进中心与街道协商,免费向这些回收商提供回收用的场所,并帮助他们建设相关的回收储存设施,主要涉及选址、公示与建设相关设施等工作,从而规范低价值回收物的回收方案。

(6) 完善了全方位的街道垃圾分类宣传机制。街道垃圾分类促进中心遵循"有害警醒、利益驱动、道德弘扬"的路线,一方面,通过增强居民对垃圾分类的认识,从节约、利己利民等角度倡导居民进行垃圾分类,使居民从意识上接受垃圾分类;另一方面,通过激励和惩罚,从正、反两方面引导居民进行垃圾分类,不仅让居民认识到垃圾"应该分类",而且让居民意识到垃圾"不能不分",从而将垃圾分类转化为居民自愿分类的行动。在具体的宣传形式上,除了常规张贴宣传海报、单张以外,还通过开展各种便民回收活动,增强了宣传的针对性、互动性。以宣传推动行动,在回收服务行动中展开宣传,将知行在宣传活动中统一起来;同时,结合"小手拉大手"式校园教育,多渠道、长时效、多层次引导群众培养垃圾分类投放行为。

(7) 由易到难,开展厨余垃圾分类试点。促进中心在对垃圾来源摸查的基础上,发现产生厨余垃圾的单位有农贸市场、花店、水果店、机关单位、餐饮食肆等,其种类包含泔水、绿化枝叶、市场厨余垃圾、果蔬生鲜剩料等,都属于低燃值的有机物。据摸查,这些低燃值有机物约占街道总垃圾量的12%—16%,都可通过集中收运,送往生化厂进行处理。以此计算,荔湾区每天产生1 600多吨的生活垃圾,通过厨余垃圾分类可减少填埋与焚烧192—256吨的低燃值有机物。从2015年4月起,促进中心又对西村街道的餐饮店进行深度调查,通过走访发现,这些餐饮店平均每天产生的厨余垃圾总量仍较大,促进中心已开始以定时定点的方式对辖区内的餐饮食肆进行泔水统一收运。

三、上海市政府购买服务的案例

“互联网＋”行动计划已上升为国家战略，成了新常态下的经济增长新引擎。互联网产业深刻影响了传统产业，传统产业业务模式和商业模式的变革正在进行。在“互联网＋”的金融模式渐露头角之后，“阿拉环保”又试水“互联网＋”智能回收，通过创新技术，开发基于互联网的现代信息技术、自动化智能化设施设备等，变革回收业务模式和商业模式，注重行业的大数据开发。通过协同建设互联网线上服务平台和线下服务体系，形成线上投废、线下物流的“互联网＋”智能回收体系，推动社区回收从粗放式向精细化发展，开创了社区回收行业的新局面。

“阿拉环保”再生资源公共服务平台的载体公司是上海金桥再生资源市场经营管理有限公司。公司成立于2008年，以促进资源再生合理利用为目标，主营业务是电子废弃物的“互联网＋”智能回收服务及相关环境服务。公司搭建了全国第一个再生资源公共服务平台，该平台是国家推动低碳建设和循环经济的重要载体，得到了社会高度关注，曾被列入浦东新区人大的“一号议案”中。“阿拉环保”的社区体系创新实践经验如下：

（一）构建以“一个账户、两层网络”为特征的“互联网＋”智能回收系统

1. 一个账户

构建以阿拉环保卡智能信息卡为载体的环保银行账户，通过激励机制来鼓励居民规范交投。

2. 两层网络

以物联网为载体的两层回收网络。一是构建以社区回收点、区域回收站和地区回收中心为基础的再生资源综合回收网络；二是整合金融服务平台，挖掘金融服务市场，打造金融与环保服务相结合的虚拟网络。

（二）社区回收体系创新的实践

平台以突破管理和创新思路为实践基础，从功能、模式、技术3个方面进行了全面的社区回收管理实践，不仅抓住了政策下的机遇，开拓了社区回收新模式，还带来了行业的示范引领效应。

1. 功能突破——抓住政策新机遇

（1）交易功能。为产生固废、电子废弃物、危险生活垃圾（节能灯、废电池）的社区居民搭建了新的交易平台；创立了“阿拉环保网”，利用行业及会员资源，构建符合中国国情、激励居民规范交投的再生资源循环交易体系。

（2）信息功能。重视信息的价值及数据发掘，及时搜集相关的各类政策法规；持续提升和完善信息服务功能，通过溯源等功能，建立了再生资源数据库，为政府采购项目提供了条件支持；及时抓住了政策变化和国家行业发展的趋势，有利于平台及时调整战略。

（3）展示功能。为了提高平台的影响力，以获得社会各界的支持，在展示厅内用新颖、有趣的形式展示电子废弃物实物、处置流水线实物模型、环保宣传和生态建设的相关内容等。接待了商务部、原环境保护部、人大常委的相关人员，上海展望发展进修学院学员，以及来自各地的行业专家、学生、社区居民超过5 000余人次，获多次好评。

（4）培训功能。深入社区、企业、学校、政府机关等地，持续进行电子废弃物回收处置业务的培训、回收网点项目管理人员的流程培训、环保志愿者的宣传培训等。平台成为上海展望发展进修学院的优秀培育基地，是国家优秀环保教育实践基地。

（5）管理功能。积极参与行业建设，通过信息化手段建立了电子废弃物回收处置数据库，为政府出台相应政策建立了数据基础。承担了一系列的政府功能服务项目，如垃圾分类、生态信息管理服务、环境综合监测、生态可持续评比等。

2. 模式突破——打造回收新模式

目前，废旧物资的回收以“摇铃大军”为主体。为了提高社区居民的环保意识，改变行业印象，平台以电子废弃物回收为业务突破口，采取“战略先应式”突破管理，具体的回收模式是：社区居民将电子废弃物贴上条形码后再投入回收箱中，平台通过识别条形码将相应的积分打入交投者账户。卡内积分可用于消费，可在各银联机构变现，或者在“阿拉环保网”换取精美小礼品，使用起来方便又快捷。将增值服务贯穿“宣传、回收、支付”三大环节，建立突破传统回收行业的多边服务模式（图5-14）。

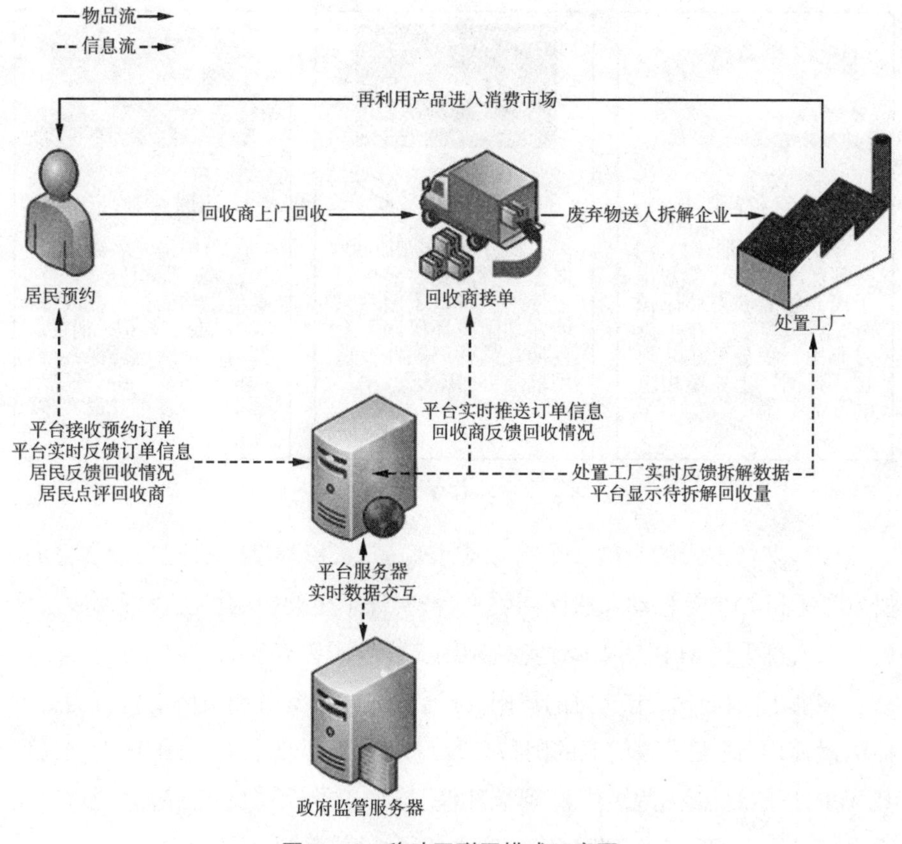

图5-14　移动互联网模式示意图

3. 技术突破——挑战行业新高度

（1）阿拉环保卡的突破。阿拉环保卡是社区居民交投所获积分的记录载体，是平台与社区居民进行交投结算、奖励社区居民交投行为的积分卡。经历几次改进后，阿拉环保卡的使用越来越便捷。第一代阿拉环保卡的积分只能在"阿拉环保网"上兑换礼品，第二代阿拉环保赢点卡的积分可在2 000多家百货商场、卖场超市使用，第三代阳光阿拉环保卡使环保积分具有金融借记功能，可在银行卡中存储、借记、消费，还实现了在POS机上直接刷积分消费的功能。阿拉环保卡作为回收积分的结算载体，承载着全力推动金融生态环境发展的任务，现已成为一张社区居民个人或集体的环保信用名片（图5-15）。

第一代：
阿拉环保卡

交投者注册成为“阿拉环保网”会员，交投电子废弃物后获得环保积分，积分可绑定在手机号码中，积分可在“阿拉环保网”上兑换相应的礼品。

第二代：
阿拉环保赢点卡

积分可在全市2 000多家百货商场、卖场超市使用。打破了用户只能在“阿拉环保网”上兑换礼品的局限性，适用范围更加广泛。

第三代：
阳光阿拉环保卡

与中国光大银行合作，使环保积分具有金融借记功能，可在银行卡中存储、借记、消费。开启一个绿色环保银行账户，储蓄一份“环保基金”，真正开启“环保银行”。

图5-15 “阿拉环保”的三代积分卡

（2）支付方式的突破。平台顺应市场需求，以移动互联网为发展方向，研发了手机APP等移动互联网回收平台，实现了更便捷的再生资源回收。居民可以通过手机APP随时随地免费预约交投电子废弃物。

突破了阿拉环保卡支付的局限，开通了支付宝支付和微信支付。为了方便居民使用，研发了微信端的阿拉环保垃圾分类回收小程序，用户无须再下载APP，只需要在微信中关注“阿拉环保”的服务号，添加小程序后，便可以实现自助交投。积分实时到账，极大地方便了社区居民。

（3）智能回收箱的突破。2011年，“阿拉环保”开展物联网智能回收箱的研发，实现了智能交投功能，有了智能回收箱的雏形。2013年，研发的第四代智能回收箱实现了市场投放，第四代智能回收箱使用一体式触摸操纵屏，除具备大件回收预约、小件交投功能外，实现了居民自主交投。在触摸操纵屏上，会员可以直接进行大家电回收的预约，平台将迅速安排人员上门回收。对于小家电，居民可通过智能回收箱直接打印条形码，实现会员身份识别和交投物品认证，为后续积分赠送做好记录备份。该触摸操纵屏还有回收网点查询、活动预告、天气预报、环保公告、商户优惠券打印、公共事业费缴纳、信用卡还款、环保袋发放等功能，使智能回收箱真正变成老百姓环保生活的重要载体，为智慧城市的信息化生活增添环保乐趣。

现在，“阿拉环保”在智能回收箱的研发上又迈出了新步伐，开发了智能回收秤和垃圾分类智能回收箱，领导行业内新的发展方向。这两种设备满足了不同社区的需求，让智能回收应用得更广泛、更便捷。在社区中，废弃物的回收可以统一采用最新的智能回收秤，智能回收秤可提高兑换效率，方便居民兑换物品。最新的垃圾分类智能回收箱可以放置在社区内供居民自助交投，居民可实时获得积分。“阿拉环保”研发的垃圾分类智能回收箱将干、湿垃圾和可回收物进行有效分类和回收，对废纸类、废旧电子类、饮料瓶等进行回收，箱体上有显眼的提示，让居民可以不费脑筋地进行垃圾分类（图5–16）。投入的物品通过自动称重后可转化为回收积分，积分可通过支付宝和微信进行变现。垃圾分类智能回收箱的应用，减少了垃圾厢房改造及分拣站的投入，有效培养了居民垃圾分类的良好习惯。

图5–16　“阿拉环保”的社区智能回收站

4. 回收体系建设成果

（1）经济效益。“阿拉环保”通过整合各类再生资源链产生了经济效益，成了培育新型经济增长点的示范基地。互联网技术使回收体系的物流成本大大下降，回收量逐年增加。“阿拉环保”的营业收入从2008年的几十万元发展到目前的几千万元，实现了经济快速增长。

新模式获取了市场先机，得到了政府的大力支持。“阿拉环保”成为浦东新区电子废弃物“三步走一接轨”的社区网络建设特许经营商，承担了浦东新区垃圾分类项目的承办任务。网络回收渠道具有市场增值效应，多家企业纷纷要求成为平台会员，从而使平台获得了新的经济效益。

（2）社会效益。目前，平台的互联网体系已经布设回收网点3 000多个，平台也深入社区建立了社区网络。“阿拉环保”与浦东新区的200多所学校建立了定期培训、回收等合作战略，与200多家企业建立了密切的环保合作关系，与来自社会各界的2 000余名志愿者建立了公益环保互动组织，开展了一系列“走进机关,走进企业,走进学校,走进社区”的环保活动。平台目前已累计开展活动6 000多场,吸引了社会各界人士的关注,取得了较好的社会效益。“阿拉环保”志愿队的社会品牌逐渐形成,获得了浦东新区“十佳志愿服务项目”“上海市志愿服务先进集体”“上海市志愿服务品牌项目”等荣誉称号。平台被原环境保护部(现为生态环境部)评为国家环保教育基地,成为行业内首家也是唯一一家国家级电子电器信息化回收和规范处置工程技术中心。国家商务部、原环境保护部给予了平台高度评价;媒体也陆续对“阿拉环保”进行了报道,并将“阿拉环保”列为中国共产党中央委员会组织部领导培训的案例之一。“阿拉环保”的电子废弃物回收网络建设被列为上海市政府实事工程,具备了广泛的社会推广复制效应。

(3) 环境效益。随意丢弃电子废弃物会对环境产生长久的危害。“阿拉环保”通过有效的社区回收和处置监控管理,将回收后的电子废弃物进行流水线式拆解、分类后,将可再次利用的塑料、金属等进行资源化利用,避免违规处置给环境带来的污染,减少有毒、有害物质对人体健康和生存带来的威胁,减少环保治理资金的投入与浪费。

虽然生活垃圾分类减量已连续7年被列为上海市政府实事项目并由上海市政府不断推进,但在社区,回收体系的建设一直是个难题。随着大家环保意识的不断增强,社区居民也希望能做到垃圾分类,但不知如何去做。“阿拉环保”与时俱进,加快两网协同试点。“阿拉环保”在各社区积极开展以宣传推广为引领,以再生资源回收和“绿色星期六”垃圾分类宣传回收为重点的系列活动,全面覆盖宣传、回收、清运、处置等环节,以统一时间、统一地点、统一配送、统一回收、统一管理的“五统一”进行管理,定期培训环保志愿者,形成专业化的志愿者团队,从多方面培养居民垃圾分类的习惯。“阿拉环保”作为实施垃圾分类减量工作和政府实事项目的实施单位,有相当丰富的工作经验。目前“阿拉环保”已经作为浦东新区、黄浦区、静安区和虹口区的环境服务商,提供从智能回收设备到信息管理再到社会资源整合的系统集成服务。“阿拉环保”持续创新再生资源社区回收体系建设,不断提升市民对垃圾分类的知晓率和认同感,从源头上做好垃圾分类减量工作,在推进生活垃圾减量化、资源化、无害化的环保工作中发挥了示范引领作用。

第二节　民间案例：成都市"绿色地球"垃圾分类的实践报告

2011年，成都市锦江区人民政府在垃圾分类的工作上做出了创造性的尝试——对垃圾分类服务进行社会招标，尝试通过引入社会力量共同解决垃圾分类的难题。成都市绿色地球环保科技有限公司（简称"绿色地球"）经过公开竞标、层层筛选，最终作为中标单位，获得了向成都市锦江区人民政府提供垃圾分类服务的授权。根据协议，"绿色地球"从2012年1月开始向成都市锦江区下辖的4个街道办事处提供垃圾分类服务，服务期限为3年，服务用户规模为8万户家庭，覆盖居民20万人。

一、绿色模式——单流程垃圾分类与回收模式

2008年，"绿色地球"获得了万通绿色社区基金的资助，开始在成都市的社区开展垃圾分类与回收尝试，最早选定了世纪朝阳、朝阳名宅、朝阳逸景、粼江峰阁4个小区进行模式推广。这4个小区位于成都市一环路与二环路之间，紧邻府南河，是位于黄金地段的高档商品房小区。此时的"绿色地球"采用的是传统的推广模式，没有自己的数据平台，每天依靠人工对垃圾进行清理、核算，也无法对用户进行有效跟踪，从而限制了该模式的推广速度。这导致该模式覆盖的小区范围太小，参与用户人数过少，企业自己的收益无法维持企业的正常运营。同时，"绿色地球"也没有得到外界的资金支持。这种模式在进行了1年多以后，企业的初始投入资金已消耗殆尽。2011年年初，"绿色地球"中止了在小区开展的垃圾分类与回收活动。在1年多的试点过程中，"绿色地球"逐步形成了单流程回收的基本模式：从城市居民丢弃垃圾开始，到将垃圾回收、分拣并卖给下游垃圾处理企业为止，全程追踪垃圾的产生和流向，并给予消费者行为激励。这一模式从2008年"绿色地球"建立以来便沿用至今。

"绿色地球"的服务模式如图5-17所示，其总部主要负责公司的日常运

营，包括与街道办事处交涉以及发展新的居住小区、对小区垃圾回收的日常活动和专场活动进行统筹安排，同时承担着客服咨询和数据追踪的工作。服务覆盖的小区则主要进行垃圾回收的日常活动和专场活动，同时，活动信息和数据可通过数据平台返回到总部。垃圾分拣中心位于大面镇政府旁，地处城乡接合部，占地约1 260平方米。垃圾分拣中心承担着物料配送和垃圾分拣的工作。每一次专场活动前，垃圾分拣中心进行活动所需物料的清点与调度，所需物料包括活动中适用的桁架、展板、雨伞、桌椅等宣传用物料，以及积分可兑换的各类奖品。同时垃圾分拣中心每天派出垃圾收运车，将所有“绿色地球”专用垃圾箱以及专场活动所回收的垃圾收运至垃圾分拣中心。垃圾分拣中心配置了二维码自动扫描称重作业系统，分拣流水线也实现了半自动化运行，可以完成40余种可回收物的细分类，包括纸板、纸张、塑料（分大白料、小白料、花料、响料）、金属、玻璃等，可以支撑每天5吨可回收物的精细分拣工作。垃圾分拣中心目前的速度为每天可完成1 000袋混合垃圾（重约3吨）的分拣任务。分拣完成后的垃圾通过打包捆装，再被分类销售到下游垃圾处理企业，作为“绿色地球”主要的经营收入。

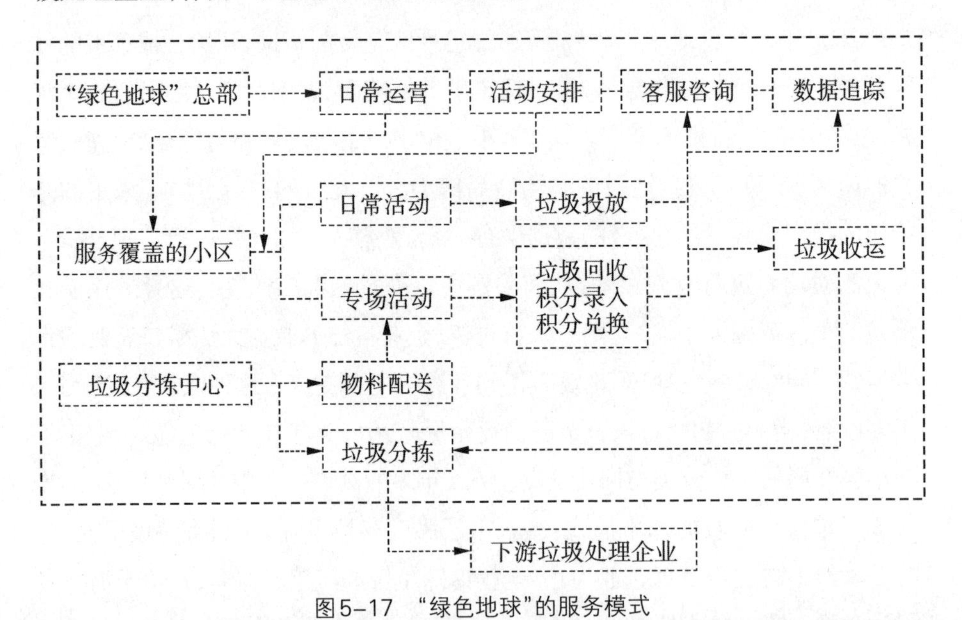

图5–17 “绿色地球”的服务模式

“绿色地球”的小区垃圾回收渠道有日常活动、专场活动两种，两种渠道所回收的垃圾种类不同。每一个“绿色地球”服务覆盖的小区中都安放了数个“绿色地球”专用垃圾回收箱,用于用户日常垃圾的投放,回收箱主要回收塑料、纸张等体积小、重量轻的垃圾。专场活动时,由“绿色地球”志愿者在小区中设置垃圾回收点,对纸板、金属、玻璃、废旧电器和织物进行定点回收,并现场称重,将数据传输到“绿色地球”智能信息系统。专场活动的举办频率基本为半个月1次,在周末举办,也会根据小区参与情况进行活动时间与举办频率的调整。

“绿色地球”以“让每份资源得到充分利用,让地球不再为垃圾所困”为目标,通过在垃圾分类领域内探索多年,总结出一套完整可行的垃圾分类与回收的整体解决方案:采用单流程的垃圾分类与回收模式,通过分类投放后的积分回馈来引导居民持续参与,结合物联网、云计算、智能物流、移动互联网等前沿关键技术,实现对可回收物的精准回收、集中处理、循环利用。

具体而言,通过对居民分发二维码和非接触式IC用户卡,单流程的垃圾分类与回收模式实现了对每袋垃圾身份的精确认证;居民向安装在小区里的智能垃圾桶内投放垃圾;智能垃圾桶能对垃圾进行称重、打包等基本处理,垃圾信息可向用户反馈;根据垃圾重量,用户可换取相应积分,从而引导用户持续参与垃圾分类投放;不同种类的垃圾兑换的积分数额不同,如表5-7所示。混合垃圾即尚未分类的可回收垃圾,由于“绿色地球”提倡垃圾分类回收的理念,在目前该推广模式较为成功的情况下,“绿色地球”正在尝试将混合垃圾的单位重量积分值降低至2分,从而鼓励参与用户尽可能在回收前将垃圾细分,也可降低垃圾分拣的成本。织物和玻璃由于回收利用价值较低,因此单位重量兑换积分最少。

表5-7　“绿色地球”垃圾兑换积分方式

垃圾种类	混合	塑料	金属	纸板	织物	玻璃
积分数额	5分/斤	7.5分/斤	7.5分/斤	2.5分/斤	1分/斤	1分/斤

资料来源:根据“绿色地球”调研资料整理所得。

另一方面,该模式可向云端的后台处理系统实时汇报垃圾收集数据,系统可以此为依据智能化地安排物流系统进行垃圾收运;垃圾到达集中处理站后，有用垃圾将会被分拣、回收利用，重新进入社会经济系统，以实现节能减排、创建节约型社会的目标。

垃圾分类与回收模式主要包括：精确化垃圾回收、智能化垃圾物流、集中化垃圾处理与统计分析三大部分。

1. 精确化垃圾回收

精确化垃圾回收的目的是尽可能地吸引用户参与垃圾回收，通过采用各种有效方法来提高用户参与垃圾回收的踊跃度。精确化垃圾回收是本模式的前端，是与普通用户能够发生接触的部分，所以如何设计一个用户友好的垃圾回收流程将会是本模式成败的关键。除此之外，精确化垃圾回收是产生垃圾信息的第一个节点。一方面，这些信息将会反馈给用户，用户的垃圾回收行为通过用户积分、环保勋章、礼品兑换等各种方式得到了鼓励。开展专场活动时，用户只需将垃圾分类装好，拿至专场回收点，由“绿色地球”志愿者进行现场称重并录入积分，用户便可以使用积分在专场活动现场，或者在“绿色地球”的网上环保商城进行奖品兑换。专场活动现场的奖品多为生活用品，如洗衣粉、肥皂、牙刷、纸巾等。网上环保商城可订购的奖品种类相对较多，包括办公用品、生活电器、数码产品、图书、玩具和粮油生鲜等。网上订购的奖品会由“绿色地球”合作商如京东商城直接发货至用户手中，方便、快捷。同时，根据不同阶段合作商的不同，“绿色地球”还提供健身卡、购物券和手机充值券等奖品，尽可能为参与的用户提供多样化的选择。另一方面，这些信息将会是后台物流系统和信息统计分析系统的基本信息来源，为后续的决策提供支持。

2. 智能化垃圾物流

为垃圾收运和用户反馈提供信息化的物流支持。在收运方面，通过智能垃圾桶提供的实时信息，可实现收运路线的自动规划和收运调拨，并可从垃圾信息统计分析平台中获取历史统计信息以进行系统的自我学习与优化；在用户反馈方面，基于强大的后台订单系统，可实现对用垃圾积分兑换的礼品的配发与管理的动态、实时的物流跟踪以及自动规划。通过建立 WITAS（Waste Intelligent Tracking and Award System）和社区服务手机端应用，“绿色地球”可以对每一个用户的每一次垃圾投放和积分兑换行为进行追踪和查询，既提高了企业管理的效率，同时也提供了一种通畅的用户信息反馈渠道。

WITAS是"绿色地球"于2011年自主研发的垃圾分类智能信息系统(图5-18、图5-19),其功能、性能的稳定性和可扩展性已经达到了国际大型专业ERP系统的水平。WITAS记录了每个参与用户的注册信息,以及用户每一次垃圾投放、积分兑换的详细信息。同时,通过该系统也可以向用户手机发送活动信息,并记录用户与客服网上交流的详细情况,有利于垃圾分类信息的精准采集和高效客户服务的提供。

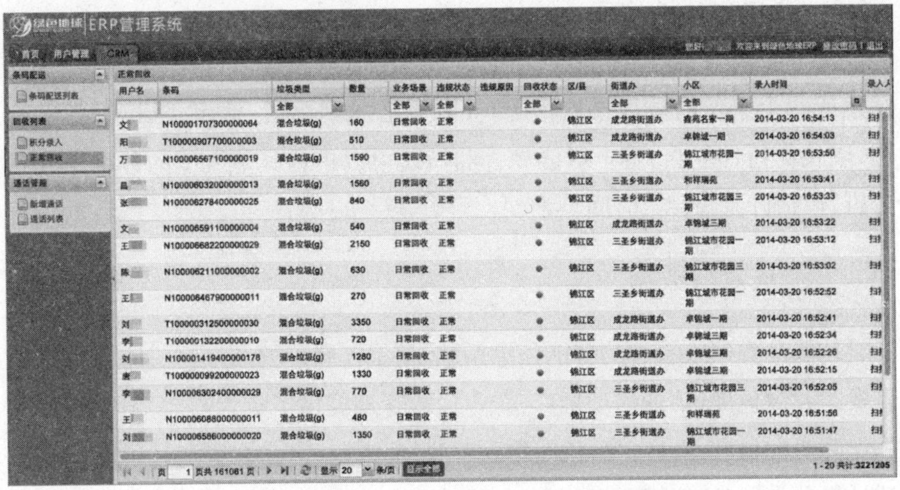

绿色地球 | ERP管理系统

首页　用户管理　CRM

条码配送：条码配送列表
回收列表：积分录入、正常回收
通话管理：新增通话、通话列表

正常回收

用户名	条码	垃圾类型	数量	业务场景	违规状态	违规原因	回收状态	区/县	街道办	小区	录入时间	录入人
		全部		全部	全部		全部		全部	全部		
文	N10000170730000064	混合垃圾(g)	160	日常回收	正常		●	锦江区	成龙路街道办	鑫苑名家一期	2014-03-20 16:54:13	扫
阳	T10000090770000003	混合垃圾(g)	510	日常回收	正常		●	锦江区	成龙路街道办	卓锦城一期	2014-03-20 16:54:03	扫
万	N10000656710000019	混合垃圾(g)	1590	日常回收	正常		●	锦江区	三圣乡街道办	锦江城市花园一期	2014-03-20 16:53:50	扫
晶	N10000603200000013	混合垃圾(g)	1560	日常回收	正常		●	锦江区	三圣乡街道办	和祥瑞苑	2014-03-20 16:53:41	扫
张	N10000627840000025	混合垃圾(g)	840	日常回收	正常		●	锦江区	三圣乡街道办	锦江城市花园三期	2014-03-20 16:53:33	扫
文	N10000659110000004	混合垃圾(g)	540	日常回收	正常		●	锦江区	成龙路街道办	卓锦城三期	2014-03-20 16:53:22	扫
王	N10000668220000029	混合垃圾(g)	2150	日常回收	正常		●	锦江区	三圣乡街道办	锦江城市花园一期	2014-03-20 16:53:12	扫
陈	N10000621100000002	混合垃圾(g)	630	日常回收	正常		●	锦江区	三圣乡街道办	锦江城市花园三期	2014-03-20 16:53:02	扫
王	N10000646790000011	混合垃圾(g)	270	日常回收	正常		●	锦江区	三圣乡街道办	锦江城市花园一期	2014-03-20 16:52:52	扫
刘	T10000031250000030	混合垃圾(g)	3350	日常回收	正常		●	锦江区	成龙路街道办	卓锦城一期	2014-03-20 16:52:41	扫
李	T10000013220000010	混合垃圾(g)	720	日常回收	正常		●	锦江区	成龙路街道办	卓锦城三期	2014-03-20 16:52:34	扫
刘	N10000141940000178	混合垃圾(g)	1280	日常回收	正常		●	锦江区	成龙路街道办	卓锦城三期	2014-03-20 16:52:26	扫
唐	T10000009920000023	混合垃圾(g)	1330	日常回收	正常		●	锦江区	成龙路街道办	卓锦城三期	2014-03-20 16:52:15	扫
李	N10000630240000029	混合垃圾(g)	770	日常回收	正常		●	锦江区	三圣乡街道办	锦江城市花园三期	2014-03-20 16:52:05	扫
王	N10000608800000011	混合垃圾(g)	480	日常回收	正常		●	锦江区	三圣乡街道办	和祥瑞苑	2014-03-20 16:51:56	扫
刘	N10000658600000020	混合垃圾(g)	1350	日常回收	正常		●	锦江区	三圣乡街道办	锦江城市花园一期	2014-03-20 16:51:47	扫

页 1 页共161061页　显示 20 条/页　显示全部　1-20 共计:3221205

图5-18　"绿色地球"WITAS垃圾分类信息采集系统

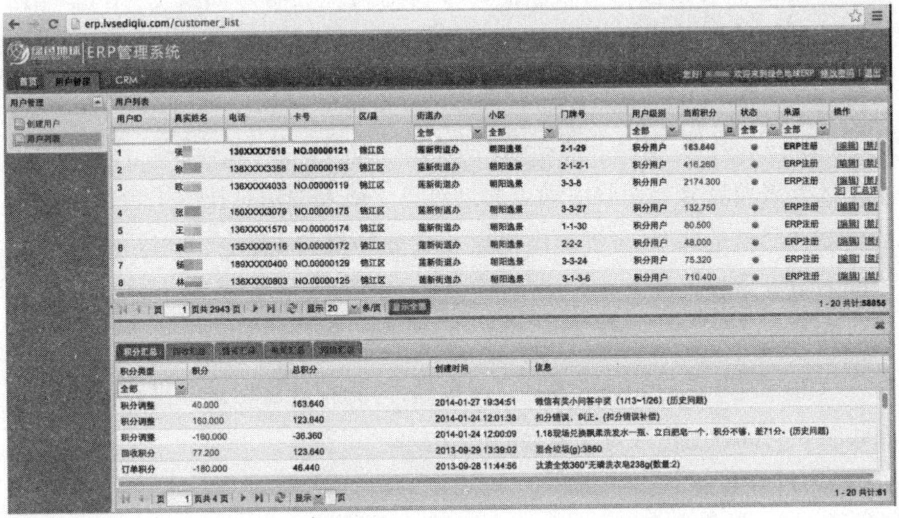

erp.lvsediqiu.com/customer_list

绿色地球 | ERP管理系统

首页　用户管理　CRM

用户管理：创建用户、用户列表

用户列表

用户ID	真实姓名	电话	卡号	区/县	街道办	小区	门牌号	用户级别	当前积分	状态	来源	操作
					全部	全部		全部		全部	全部	
1	张	136XXXX7518	NO.00000121	锦江区	莲新街道办	朝阳逸景	2-1-29	积分用户	163.840	●	ERP注册	[编辑] [禁
2	徐	138XXXX3358	NO.00000193	锦江区	莲新街道办	朝阳逸景	2-1-2-1	积分用户	416.260	●	ERP注册	[编辑] [禁
3	欧	136XXXX4033	NO.00000119	锦江区	莲新街道办	朝阳逸景	3-3-8	积分用户	2174.300	●	ERP注册	[编辑] [禁定] [汇总详
4	张	150XXXX3079	NO.00000175	锦江区	莲新街道办	朝阳逸景	3-3-27	积分用户	132.750	●	ERP注册	[编辑] [禁
5	王	136XXXX1570	NO.00000174	锦江区	莲新街道办	朝阳逸景	1-1-30	积分用户	80.500	●	ERP注册	[编辑] [禁
6	魏	135XXXX0116	NO.00000172	锦江区	莲新街道办	朝阳逸景	2-2-2	积分用户	48.000	●	ERP注册	[编辑] [禁
7	杨	189XXXX0400	NO.00000129	锦江区	莲新街道办	朝阳逸景	3-3-24	积分用户	75.320	●	ERP注册	[编辑] [禁
8	林	136XXXX0803	NO.00000125	锦江区	莲新街道办	朝阳逸景	3-1-3-6	积分用户	710.400	●	ERP注册	[编辑] [禁

页 1 页共2943页　显示 20 条/页　1-20 共计:58855

积分汇总

积分类型	积分	总积分	创建时间	信息
全部				
积分调整	40.000	163.640	2014-01-27 19:34:51	微信有奖小问答中奖(1/13~1/26)(历史问题)
积分调整	160.000	123.640	2014-01-24 12:01:38	扣分错误、纠正。(扣分错误补偿)
积分调整	-160.000	-36.360	2014-01-24 12:00:09	1.18现场兑换飘柔洗发水一瓶、立白肥皂一个,积分不够,差71分。(历史问题)
回收积分	77.200	123.640	2013-09-29 13:39:02	混合垃圾(g):3860
订单积分	-180.000	46.440	2013-09-28 11:44:56	汰渍全效360°无磷洗衣皂238g(数量:2)

页 1 页共4页　1-20 共计:81

图5-19　"绿色地球"WITAS用户信息管理系统

在WITAS的基础上，2013年，“绿色地球”又自主研发了基于Android智能手机平台的社区服务专用手机客户端。该手机客户端与WITAS相连，主要用于垃圾回收专场活动的数据录入。工作人员可以使用该客户端查询用户积分明细、积分录入情况、网上积分商品兑换情况以及用户二维码的分配。手机客户端有效提高了现场活动的效率，同时，由于用户可以及时、快捷地查看账户明细，也减少了用户与企业的纠纷和矛盾。

3. 集中化垃圾处理与统计分析

统一的全国、省、市的城市生活垃圾信息管理系统，可以精确记录每家、每户或每个单位的垃圾投放情况，并分级汇总到小区、楼宇、学校等基本单位，以及街道、区(县)等上级区域，同时，还可以进行其他维度的数据统计与分析，包括行业、人群、时间等维度。

二、成效与数据

垃圾分类回收服务的智能信息系统、基于互联网的监控物流体系的成功研发，为“绿色地球”的活动推广、企业运营管理提供了更为高效、稳定的平台和保障。2011年10月，“绿色地球”参与了锦江区政府的“锦江区居民院落生活垃圾分类服务”招标项目并中标，得到了政府的资金支持，“绿色地球”的小区垃圾分类回收活动得以重新起步。该项目计划服务期限为2012—2014年，共3年，计划总居民覆盖规模达到8万户。2012年1月，“绿色地球”正式与锦江区下辖的4个街道办事处，即莲新、成龙路、双桂路、狮子山签订合同，开展该项目的具体工作，并重新在世纪朝阳、朝阳名宅、朝阳逸景、粼江峰阁4个小区开展垃圾分类回收活动。通过对自主研发的信息技术平台运营模式的更新，“绿色地球”的发展速度迅猛。截至2014年4月底，与“绿色地球”合作的街道办事处增加至9个，新增了东光、龙舟路、三圣乡、水井坊和盐市口街道办事处。

从2012年1月—2014年9月，“绿色地球”为锦江区居民提供垃圾分类与回收服务的试点工作取得了显著的成效。

1. 用户规模

“绿色地球”合作的街道办事处由4个增至9个，进驻小区及学校116个，累计发展用户64 571户，开展社区宣传活动5 800场，覆盖居民超过20余万人。其中，活跃用户超过60%，用户对垃圾分类工作的知晓率超过90%，参与用户的分类正确率超过95%。

此外，“绿色地球”在成都市锦江区的64 000户家庭中开展了垃圾分类服务，累计回收再利用垃圾3 100余吨；先后在成都市锦官驿小学、成都市娇子小学、成都市龙江路小学、成都市盐道街小学、成都市第十七中学、成都市三幼树基福幼儿园、成都华德福学校等教育机构开展了“绿色未来”垃圾分类进校园活动，为130个班级的中小学生普及了垃圾分类环保知识，并引导学生积极参与日常的校园垃圾分类行动。

2. 回收数据

在短短两年多的时间里，“绿色地球”在为锦江区提供的垃圾分类与回收服务中，回收的可回收垃圾共计2 778吨，其中低价值可回收物1 800多吨，各类家用电器393台，折合减少砍伐树木10 662棵，减少原油消耗24 691桶，减少二氧化碳排放12 061吨。

通过前端的垃圾分类工作，让可回收资源顺利进入了再生渠道，节约了大量自然资源的消耗，“绿色地球”为锦江区的环卫部门节省了大量的垃圾清运成本，减少了二次分拣的劳动量，同时也有效减少了垃圾后端处理中的环境污染问题，让水、土壤、空气得以保持洁净，免于二次污染。

3. 模式推广

“绿色地球”已经覆盖了锦江区的109个小区，用户达62 388人（图5-20）。现有的覆盖小区主要位于成都市东南一环与三环之间，且呈组团式集中分布。2013年，“绿色地球”在小区中回收的可回收垃圾总量为1 097.9吨，其中纸张460.7吨、织物329.1吨、塑料164.4吨、玻璃109.7吨、各类家电137台。同时，“绿色地球”也开始向锦江区的学校以及商务写字楼（包括国际金融中心等）进行服务延伸，已将成都市盐道街小学东区、成都市天涯石小学、成都市娇子小学、成都市第十七中学、成都市锦官驿小学、成都市龙舟路小学纳入其“绿色未来校园”项目。

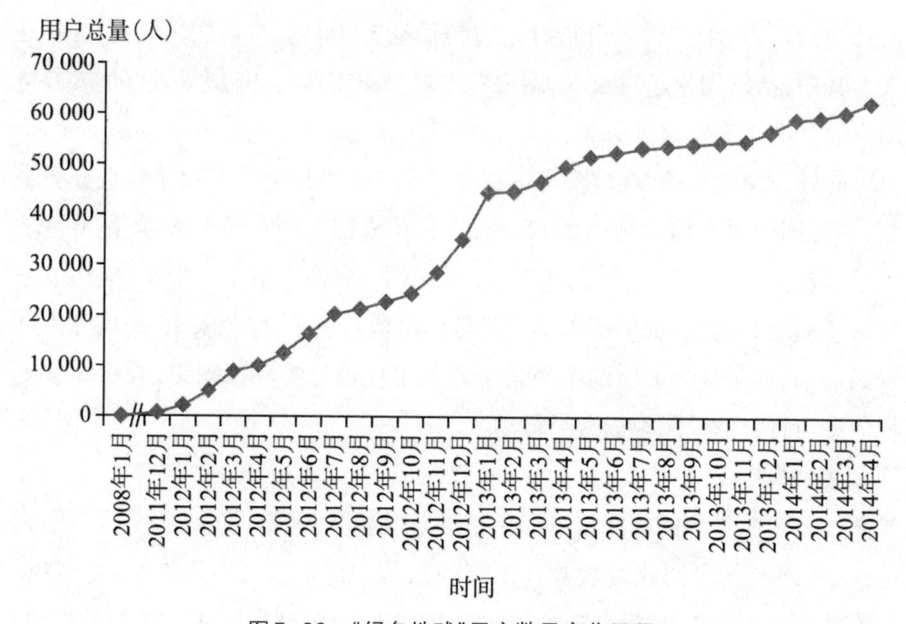

图5-20 “绿色地球”用户数量变化历程

（资料来源：根据“绿色地球”WITAS中的数据整理所得。）

在新型城镇化的背景下，“绿色地球”在社区垃圾分类的模式创新上做了一些有益的探索。首先，通过以用户参与为导向的创新机制，激励了消费者参与垃圾分类。企业提供服务的模式、企业员工的配置以及企业与竞争者的竞争策略，均以用户参与为导向。而信息技术创新和人工服务相结合，能照顾到不同年龄、类型的用户需求，使得用户从参与中能获得更多的有效互动。“绿色地球”通过其各类信息技术平台，实现了对回收数据以及用户信息的有效监控与流程化管理。在由志愿者完成的人工服务中，有志愿者现场服务的专场回收活动的回收方式，相较传统的以设施为导向的垃圾处理方式而言，可以使用户更加方便地与企业直接交流并得到反馈和帮助，增加了用户与企业的沟通渠道，也增大了用户参与活动的可行性。信息技术创新和人工服务结合，大大降低了该公共服务的实施与扩散难度。其次，政府以采购公共服务的方式，探索了社区垃圾分类中公共部门与私营部门合作的管理模式。公共部门重点关注用户数量及用户参与情况的动态变化，强调垃圾分类的公益服务性。企业要进一步持续运营并扩大盈利则需依靠回收资源的价值,在这方面,企业将面临来自市场的竞争,因而企业需要在回收技术和市场拓展方面持续努力以提高收益。

三、社会关注

“绿色地球”在成都市锦江区开展的垃圾分类试点工作已经取得了一定成效,在社会各界引起了广泛关注。2012年12月,“绿色地球”受邀作为国内唯一一家民营环保企业参加了在多哈举行的第18届联合国气候变化大会,并在会上分享项目经验;2013年,“绿色地球”自主研发的智能回收箱产品获国家工业和信息化部认可,“绿色地球”受邀参加第二届中国国际高新技术成果交易会;2013年11月,“绿色地球”获麻省理工学院中国创新与创业论坛商业计划大赛第二名;2013年、2014年,先后有凤凰卫视、CCTV-2、CCTV-4、CCTV-13、四川广播电视台及《羊城晚报》《四川日报》《中国环境报》《华西都市报》《IT经理人》等多个媒体对公司进行了报道。

四、未来规划

“绿色地球”计划在3年内完成成都市的垃圾分类推广与实施工作,覆盖50万户家庭,200万以上人口,每年为政府节约垃圾处置费用上千万元,为居民带来再生消费价值上亿元。同时,“绿色地球”也将积极争取向其他地区扩展垃圾分类服务的市场,逐渐开拓包括北京、上海、广州、重庆、武汉等一、二线城市的市场,使公司垃圾分类服务的运营能力及规模达到国内及国际领先水平。

第三节　中国垃圾分类的乡村案例

一、横县垃圾分类处理的实践模式

在21世纪的发展进程中，传统农耕时代“物尽其用”的理念早已从工业化时代中淡出，消费主义的发展导致生活垃圾不断增加，而且垃圾成分越来越复杂，有害废弃物混杂其中且越来越多，垃圾引发的诸多问题成了众多城镇不得不面对的现实。但在21世纪之初，广西壮族自治区横县人民政府很有前瞻性地与社会组织合作，进行了垃圾分类综合治理的试验，总结了一套切实可行的实践模式，实现了垃圾的家庭分类、分类投放、转运以及堆肥和填埋的分类处理。

（一）横县的垃圾分类工作

20世纪90年代中期，由于城市化进程不断加快，横县县城城区的建设面积不断扩大，人口不断增加，生活垃圾的产量也以每年8%—10%的速度递增。1999—2000年间，县城垃圾的平均日产量已达70吨，高峰期可达100吨。以往，县城所产生的垃圾都堆放在20世纪80年代初征用的区区3 000多平方米的场地上。从1994年起，由于垃圾产量的增加，每年都需要租车清运该场地中的垃圾2—3次，将垃圾运往各乡镇的果场作肥料用，这样不但每年要支出50万—60万元的垃圾清运费用，而且未经任何处理的垃圾还容易造成二次污染，群众对此反响强烈。特别是随着垃圾成分越来越复杂，果农已不愿接纳运来的垃圾，垃圾问题成为县城环境污染亟待解决的问题，也是垃圾堆放地所在乡镇或县城的居民关注的热点问题，成为阻碍县城发展的障碍之一。

横县的垃圾分类项目自2000年正式启动，一直持续到2005年。横县垃圾分类工作经历了4个阶段，即贯穿始终的宣传发动与环境教育，前期的调研分析及规划设计，垃圾分类的试验示范，收集、分拣和堆肥、填埋的处理流程。在此基础上，按照县城覆盖的规划进行垃圾分类的推广工作。到2005年，该项目已经基本上建立了县城生活垃圾从家庭分类到分类收集、转运、堆肥和卫生填埋的运作系统。而垃圾治理工作重中之重的源头分类工作已经扩大到北小区、城北大区、西城区、柳明区等街道的9 100户居民，参与垃圾分类的户数占到了县城居民的65%。此外，还覆盖了13所学校、70个单位、80家大中型酒楼、3个农贸市场，群众参与人数占县城总人口数的50%，占服务范围内人口的70%，分类正确率达95%以上。

项目实施的5年里，生活垃圾分类和综合治理的策略取得了明显成效，垃圾分类已覆盖县城70%的区域。这些成效不仅体现为居民环保意识提升、积极参与垃圾分类工作，还体现为政府听取群众意见后积极回应社区的需求，改善服务质量，从而改变了居民对征收垃圾清运处理费的态度，使居民的态度从不接受转变为接受。政府在改善服务的同时，也为低收入人群创造了36个就业岗位。由于拣出了可用于堆肥的垃圾，需要填埋的垃圾则大量减少，使得原本只可以使用10年的填埋场的使用年限延长到40年，节省了3个垃圾填埋场的建设资金投入，同时避免了土地浪费以及因填埋技术不当可能带来的各种污染。

项目结束后，在2005—2010年，由于建立了垃圾在家庭中的分类投放，分类收集、转运，分类处理的一整套运作系统和管理办法，垃圾分类成了县城居民日常生活的一部分。相比之下，自2000年以来纳入全国垃圾分类试点城市的北京、广州等在这10年的时间里却举步维艰、收效甚微，非试点的横县却成为媒体赞誉的“样本”，成为实现垃圾源头分类的代表性实例。

（二）垃圾分类处理的实践模式

垃圾分类得以在横县实现，一方面是基于长期不间断的宣传教育，另一方面是因为在居民具备了一定的环保意识和分类知识后，政府适时地、恰到好处地启动了可行的垃圾分类运作系统，保证了垃圾源头分类、收集转运和处理系统的相互配合。在没有大量资金投入的条件下，横县因地制宜地创造了低成本、高成效的可持续垃圾综合管理模式。

横县能够实现垃圾分类的核心一点是注重人的教育，从人的需求和认知角度，从人与环境的关系角度，做到了环境教育持久化、垃圾分类简单化、社会服务多元化和处理技术本地化。

1. 环境教育持久化

环境教育工作注重人的意识提升和知识拓展，进而改变人们对环境的认识，结果最终体现在自身的环保行为、对环境问题的关注度和参与环境保护的积极性上。横县环境教育一直遵循这个原则。横县能够实现垃圾分类，是教育先行和持续不断的社会动员的过程。

早在1994年，横县就与晏阳初创办的国际乡村改造学院（IIRR）开展了环境教育工作，推动了横县的环境教育和生态保护。横县的环境教育紧密结合当地的实际情况，不间断地进行了长达10年之久。

在这10多年间，横县一是针对20世纪90年代工业化进程中乡镇企业的迅猛发展带来的环境和职业健康问题，通过开展公共卫生和职业健康知识教育，提高乡镇企业员工的环境和健康意识，同时通过政府相关部门督促乡镇企业进行污染治理；二是针对在农业上大量使用化肥带来的农业污染，通过建立田间学校，增强农民对农业虫害的综合防治能力和发展农业生产的决策能力，提高农民种植效益并改善农业环境现状；三是针对横县面临的生活垃圾处理问题，通过参观学习改变领导干部的认识，使领导干部统一思想，而且还举办了一系列的环境教育宣传活动，如“热爱母亲河”活动、创建绿色学校与绿色家庭活动以及环保知识竞赛等。

横县的环境教育始终遵循“参与”的理念。通过学校式、家庭式和社区式的教育途径，阶梯式的推广策略和方式，媒体的宣传和知识的传播，实现了居民环保意识的提升和所获知识的拓展。再通过具体的实践，即在源头垃圾分类中践行环保理念，实现了从知识理念到行为态度的改变。

横县的经验集中体现在以下几个方面：

（1）采取了培养“二传手”的策略。这些“二传手”包括学校教师、成人教育专干、环保宣传骨干、乡镇城建环卫骨干、乡镇农技员等。这些“二传手”承担着针对农民、学生、乡镇企业环保干部等不同人群的辐射培训工作。

（2）学校开展了编写各个学科环境渗透教育教案、学生社会实践和调研、创建绿色学校等工作。针对居民、酒家饭店等开展垃圾分类讲座、论坛和文艺活动等。

（3）横县政府通过现代化的传播工具，如电视、录像和广播等进行垃圾分类的全民动员和宣传。

横县环境教育的经验是围绕着总体目标，开展长期的、不间断的、针对不同人群的知识传播、意识提升与实践活动，这是一个居民责任意识培养和社会动员的过程。培训骨干和辐射培训的梯队策略保证了从环保知识到垃圾分类知识的普及，调动了居民参与环境保护工作的积极性。当启动解决当地垃圾问题的垃圾分类收集工作时，居民能够自觉、自愿参与到具体的垃圾分类、相互监督和垃圾分类宣传行动中。居民可以学会、能够做到垃圾分类，也知晓政府从家庭分类到分类投放再到后端处理的运营系统，这是保证横县垃圾分类工作持续开展的重要原因之一。

2. 垃圾分类简单化

国家规定的生活垃圾为4类，即厨余垃圾、可回收物、有害垃圾和其他垃圾。中国县城居民在将垃圾丢出家门前，通常会把可以回收利用的废弃物归类放置，待储存到一定量的时候再卖到废品回收站，这是祖祖辈辈流传下来的勤俭节约的传统美德。另外，横县的垃圾组成中大部分为厨余垃圾，而祖辈一直是通过用厨余制作堆肥并将其用于农田中来实现资源循环利用的，因此县城居民对堆肥也不陌生。另外，横县县城居民还有个习惯，那就是每天都要倒垃圾，垃圾不过夜。否则，天气热时垃圾很容易腐臭、滋生蚊蝇、招引老鼠等，影响居家环境。

横县项目团队经过系列调查和分析，在听取多方面的意见和建议的基础上，从方便居民的角度出发，确定了将生活垃圾以可堆肥垃圾、不可堆肥垃圾和有害垃圾进行分类。根据居民的生活特点，每天收集1次可堆肥垃圾和不可堆肥垃圾，每天在17:00后上门收集，每周收集1次有害垃圾。

当时横县有机垃圾的组成占垃圾总量的80%以上，家庭只要将厨余垃圾分出来，就可以达到事半功倍的分类效果，既简单又方便，居民很容易做到，也避免了以前垃圾车随走随倒，如果没赶上就得让垃圾存留于家中过夜导致滋生蚊蝇、产生恶臭味的现象。同时，垃圾分类简单化，既让居民感受到了政府的服务落到了实处，也增进了居民对垃圾问题的理解，降低了垃圾处理的难度，进而使居民更愿意积极承担作为一个垃圾生产者的责任，也愿意支付应该承担的垃圾清运处理费。

3. 社会服务多元化

在横县,多种社会力量的参与为垃圾分类和处理提供了多种服务,促进了政府服务方式的多元化,充分发挥了政府、民间组织和私营企业的不同作用,实现了优势互补。

横县政府对垃圾的危害、垃圾处理的各种技术手段有全面的认识。基于这些认识,政府和相关参与方共同进行了统筹规划,做出了近期、中期和长期规划,明确了各部门的角色和任务,还根据计划制定了相关的制度和政策,给予了组织机制、人力资源和资金上的支持。

社会团体在整个过程中的参与则体现在对项目涉及的每个步骤和思路的策划。在每个步骤的实施过程中,社会团体保证了社区居民的参与以及对居民参与垃圾分类的方式或方法的创新,也保证了实施的质量和效果,从而保证了共同目标的实现。

私营企业则可以发挥其市场优势,变废为宝,如通过适当的堆肥技术将厨余垃圾变成有机肥,用于农业、林业和园艺等。

4. 处理技术本地化

生活垃圾的减量化和资源化必须应用一套有效的技术管理方案,这套方案的设计需要结合当地垃圾的实际情况(产生垃圾的单位、垃圾的产量、各种垃圾的比例和垃圾回收情况)、当地的经济状况、居民的环境意识及技术的可操作性来考虑。

首先,居民对堆肥这一概念比较容易接受。这一方面得益于环保教育工作的开展,另一方面也得益于农业生产中对“肥”的需求,这为垃圾资源化工作的开展提供了本土化的例证。

横县的垃圾分类采用了以当地人熟知的、可以做到的区分垃圾是可堆肥的还是不可堆肥的方法来进行第一步的简单分类,随后在收集过程中进行二次分拣,既避免了可回收物和不可回收物的混合,也避免了可回收物的二次污染。

横县的垃圾分类和转运设施比较简单。根据当地的财力、物力,横县因地制宜地想出了使用人力三轮车并在车上放置两个白色大塑料桶来分别收集可堆肥垃圾和不可堆肥垃圾的方法。这种运输设备与横县的街道布局和居民的居住方式匹配，因此，横县不需要投入大量的资金来购买机械化的设备。在垃圾中转站中，环卫工人可以将二次分拣的可回收物堆放，然后将可堆肥的垃圾运入堆肥场进行再利用，再将少量的需填埋的垃圾运到填埋场。

在垃圾分类的后端处理上，横县结合其农业大县的特点，选择了居民能够接受、技术比较成熟且投入不高的堆肥技术。在横县茉莉花的生产中，由于过去种植时使用化肥、激素过多导致土壤成分被破坏和茉莉花质量下降，直接影响了当地这一产业的发展。横县用生活垃圾制作的堆肥可提供种植茉莉花所需的无毒害的有机肥，既实现了当地资源的循环使用，也为未来的堆肥提供了广阔的市场。

横县根据对县城垃圾情况的调查以及自身的特点，选择了适合自己的垃圾分类和后端处理技术措施，并逐渐形成了当地的垃圾循环利用的技术管理模式（图5-21）。

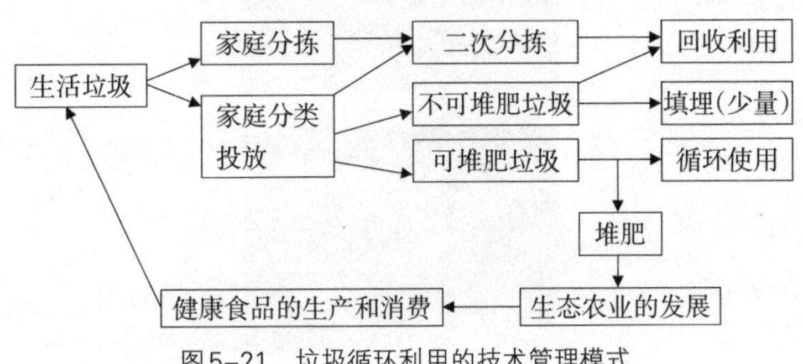

图5-21　垃圾循环利用的技术管理模式

（三）垃圾分类处理系统和管理的创新

1. 简单可行的垃圾分类、收集、转运和处理系统

生活垃圾管理的最佳途径是从垃圾产生的源头尽量避免垃圾的产生，并在源头对可循环利用物质进行分离，提高循环利用物质的质量。对不能循环利用的废弃物则进行分解或最终处置。由此可见，垃圾的源头分类是垃圾综合治理环节中的核心。对垃圾分类和处理技术的选择需要本着经济、适用的原则，要考虑当地的实际情况、现有的基础条件和当地的生活文化特点，而不是简单地依赖外部的现代技术以及购置高成本的现代化设备和机械。

在调研的基础上，横县选择了当地居民可以做到的区分可堆肥垃圾和不可堆肥垃圾两类垃圾的分类方法，同时还选择了当地政府财政能够承担的堆肥实用技术，建立了横县的垃圾分类、收集、转运和处理系统（图5-22）。

横县垃圾的源头分类：根据居民的知识背景和生活习惯，将垃圾分为可堆肥垃圾、不可堆肥垃圾和有害垃圾3类

沿街居民将垃圾放在自家门前

居民将垃圾分类投放到大桶中，小区门卫起到了监督的作用

将收集的可堆肥垃圾和不可堆肥垃圾转运至中转站

将分出的可堆肥垃圾运到垃圾堆肥场，将不可堆肥垃圾运到填埋场

图5-22　横县垃圾分类、收集、转运和处理系统

总之，横县的垃圾分类、收集、转运和处理系统是根据横县垃圾的特性和组成成分，结合横县现有的垃圾回收系统和垃圾处理设施的特点，以及横县的经济状况和工农业的发展所需而设计的。横县的生活垃圾分成可堆肥垃

圾、不可堆肥垃圾和有害垃圾。可堆肥垃圾通过堆肥转化成无害的有机复合肥,可应用到当地的农业生产中;不可堆肥垃圾在家庭回收利用的基础上,由经过培训的环卫工人进行人工二次分拣,分成可回收物和不可回收物两部分,可回收物被出售给废品回收站,不可回收物被收集后统一运送到卫生填埋场进行无害化处理;有害垃圾由环卫工人统一收集后安全储存在指定的地点,定期送往上一级的危废中心集中处理。源头分类后的垃圾很容易按照各自的特点被送去该去的地方实现价值,从而达到合理处置的要求。横县县城垃圾分类收集后的处理系统如图5-23所示。

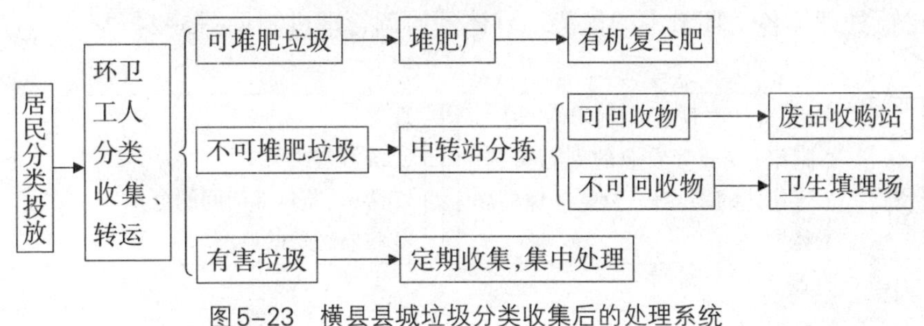

图5-23　横县县城垃圾分类收集后的处理系统

2. 通过垃圾分类项目形成的管理模式

在分类过程中,每个参与者都看到了分类的过程是和转运、处理的过程无缝对接的,后端处理是与前端分类相互配合的。将可堆肥垃圾运到堆肥场,将不可堆肥垃圾运到填埋场,而不是将分类的垃圾又混装运走。整个分类系统让每个人能充分感受到个人行动在整个垃圾源头分类的减量化中的重要作用。正因为在源头上进行分类,使放错地方的可堆肥垃圾得以循环利用,减少了垃圾的填埋量,达到了事半功倍的效果,增强了每个人的信心和进一步开展垃圾分类工作的动力。

为了更好地解决垃圾问题,横县通过项目管理的方式,在策划、培训、技术设计和协调跟进上,充分发挥了政府和民间组织的特长,通过参与式的培训、教育,从认识上统一了解决问题的策略、原则、方法、措施,提高了规划、实施、监测和评估的能力,促进了服务部门提供高质量的服务。在运作策略上,横县强调政府(部门)、社区、学校、居民的积极参与,依靠居民的广泛参与(以对家庭生活垃圾分类的劳动付出替代付费处理)来减轻政府的负担,依靠外援技术的支持实现生活垃圾的资源化、减量化和无害化处理，从而实现环境和资源的可持续发展。

在项目实施期间，横县建立了规划、实施、监测和评估的协调管理机制，涉及领导小组、实施领导小组和工作办公室。在实施垃圾分类过程中，工作办公室在政府、民间组织及科研单位参与的基础上，制订了具体的实施计划，并通过实施领导小组协调的主管单位和其他相关部门的配合，使计划得以有效地实施。领导小组可以有效地调动各个政府部门参与工作，明确教育部门、卫生部门、环保部门和环卫部门的职责和分工，有效地发挥各部门在分类、收集、分拣、处理等各个环节中的优势。具体的协调管理机制见图5-24。

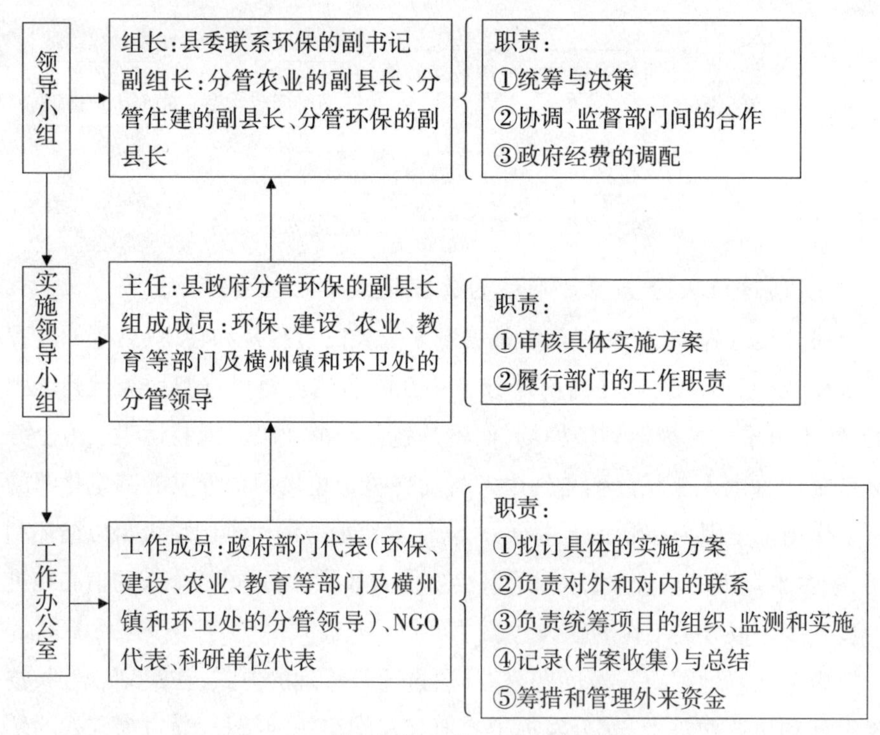

图5-24　横县垃圾分类的协调管理机制

横县垃圾分类处理的实践模式成功的最重要的原因是，严格地本着平等参与、公平公正、信息透明和民主决策的原则，自始至终都将群众的理解和参与作为基础，充分调动群众在分类、监督和宣传方面的作用，保证各项措施的落实,实现信息公开透明、奖惩措施公平公正、环卫工人的社会贡献得到认可等。有效的管理机制,加强了沟通与协调,形成了实事求是的做事风格和民主决策的办事态度。

二、上海市松江区泖港镇的模式

农业重镇——泖港镇地处松江区南部,属国家级生态镇,其镇政府管理层十分注重生态环境建设。该镇建有有机终端处理场,镇内每天生产的有机垃圾可就近资源化处理利用,该镇还配置了有机垃圾专用运输车辆以确保垃圾的分类运输。泖港镇通过在村民和居民中开展前端分类宣传指导,提出了垃圾分类的理念:居民自主分类,保洁人员辅助分拣,杜绝集中二次分拣,建立规范的废品回收系统(源头分流可回收物)。泖港镇的目的在于最大化地在镇级使垃圾分流、减量,减轻区级的处理压力。

(一) 腰泾村

2013年9月,腰泾村的垃圾分类工作正式进入了方案沟通阶段,通过对腰泾村045片区的135户村民进行前期调研,结合村内的现况,确定了最终实施方案。

腰泾村采用定点定时的分类回收模式,将垃圾主要分为:干垃圾、湿垃圾、玻璃、有害垃圾。腰泾村垃圾分类工作的具体策略和做法包括:干垃圾、湿垃圾为日产日清,玻璃、有害垃圾先由居民积攒在家,每月月末由保洁人员上门统一回收;组织村里已有的组织架构(片长、村民代表、保洁队伍、党小组代表)成立志愿者队伍,实行志愿者负责制,包干到户;设计实用的培训课件;抓住分类工作中的问题与重点,减少志愿者的工作量并提高志愿者的工作效率;实行例会制度,使工作中产生的疑问、居民的反馈、碰到的问题都能得到及时解决(图5-25)。

图5-25　腰泾村的垃圾分类培训

腰泾村在垃圾分类工作开展的前期很

注重与片区居民进行沟通，给予居民尊重。同时，腰泾村力争做到家庭源头分类后进一步分类回收、分类处理全链条的信息透明化，激发大家同舟共济的意识，以提升居民的平等感、受重视感、价值感、共荣感。腰泾村还在分类工作中保持志愿者队伍在岗，使居民的问题和困惑及时得到解决，使居民的行为及时得到纠正或认可。志愿者在工作中也注重鼓励、称赞。

村级社区有别于小区居民区，村里有在家办红白事的，有工厂和工厂集体宿舍，人多且杂，需要特别对待。遇到有办红白事的家庭，片长、保洁人员会提前沟通、准备好投放桶及提供帮工辅助管理；对于工厂，单纯与工厂老板进行耐心沟通确实很难将垃圾分类的理念宣传至每一位工友，所以腰泾村特意为工厂订制了大的分类海报，并将海报贴在垃圾桶边的醒目位置，让工人师傅们在丢垃圾时能注意到；对于工厂集体宿舍，腰泾村则从约谈宿舍管理员开始，为宿舍的每层都配置一个湿垃圾专用桶，以方便管理员工作。从记录和反馈情况可以看出，这些办法实施后，分类投放情况是有所改观的。

外来租户分两种：户主同住、没有户主同住(独户租住、群租)。对于户主同住的，腰泾村发动户主加强对租户垃圾分类情况的管理。没有户主同住的独户租住者一般表现良好，而群租户则流动率高，因此在群租户中很难开展工作。遇到工作开展难度大且分类不便时，主要靠保洁人员在回收时进行分拣。腰泾村开展垃圾分类工作的第三个月，对片区内住户的垃圾分类实况进行了调研，94.5%的居民分类优良，投放时除袋率达100%；同时，对垃圾房内的垃圾回收状况也做了检查，湿垃圾目测纯净度在90%以上(图5-26)。

图5-26　腰泾村的垃圾分类

(二) 五库学校

在校园内开展垃圾分类工作，能使孩子们在学校里掌握垃圾分类的理论及实践知识，并正确践行垃圾分类行为，这样才能获得影响家庭、社区的深远意义。让孩子们从小清楚地意识到应该减少垃圾的产生,并对自己产生的垃圾按要求进行分类与正确投放,培养良性的行为意识,保持良好的行为习惯。

在镇社区中心工作人员的协调下,2014年1月底,五厍学校很快制订了初步方案。2月底,五厍学校确定了将垃圾分为4类,即厨余垃圾、可回收物、有害垃圾和其他垃圾;在班级、办公室内放置两类桶(可回收物桶和其他垃圾桶),在教学楼的每层放置两套三类桶(可回收物桶、其他垃圾桶和厨余垃圾桶),在小学及中学部外各放置一套四类桶(可回收物桶、其他垃圾桶、厨余垃圾桶和有害垃圾桶),在食堂里的泔水投放处外加一只其他垃圾桶;在公共区域的显眼处(教学楼入口处、每层的三类桶投放处、食堂垃圾投放处)张贴分类宣传资料;制作实用的PPT课件供班主任在班会课上给孩子们讲解垃圾分类知识。在校园开展垃圾分类工作,老师的作用至关重要,学生的培训是由班主任统一在班会课上进行的。为此,五厍学校的校长在班主任例会上特意让工作人员给班主任们做垃圾分类知识的简要培训,讲解五厍开展垃圾分类工作后垃圾分类投放的方式及注意要点。

截至2014年3月21日,五厍学校的硬件配置、外部宣传内容、学生培训工作已全部完成,五厍学校的垃圾分类工作正式开启(图5-27)。

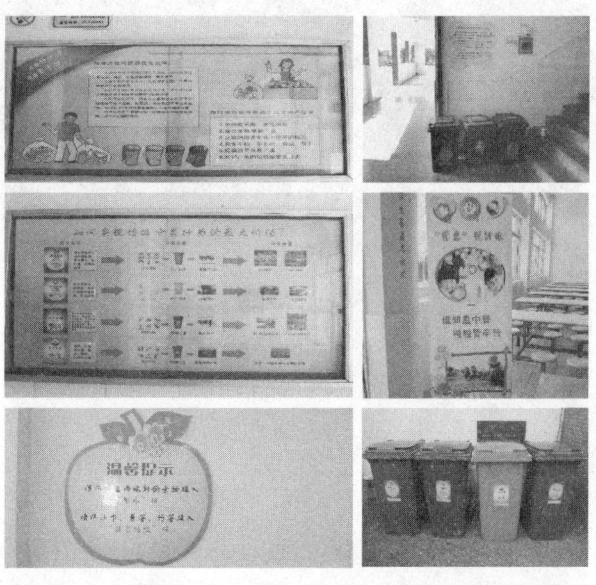

图5-27　五厍学校的垃圾分类硬件配置和外部宣传内容

另外，校方每周会临检各班级内的垃圾分类实况，并将检查结果在学校餐厅显眼处公示。

如图5-28所示，五库学校每天未分拣的垃圾重约102.5千克。经过一个半小时的分拣后，分拣出可用于堆肥的厨余垃圾32.5千克，各类可进入循环利用渠道的可回收物约16千克，剩余其他垃圾约54千克(图5-29)。其他垃圾中包含许多可回收物，这些可回收物因被混合投放而被污染。

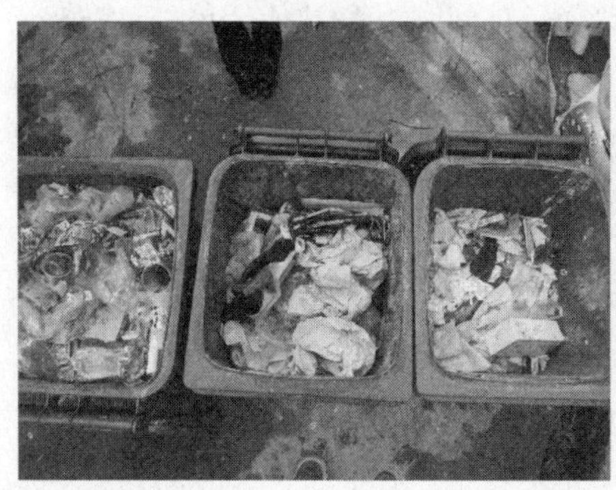

图5-28　五库学校每天未分拣的垃圾

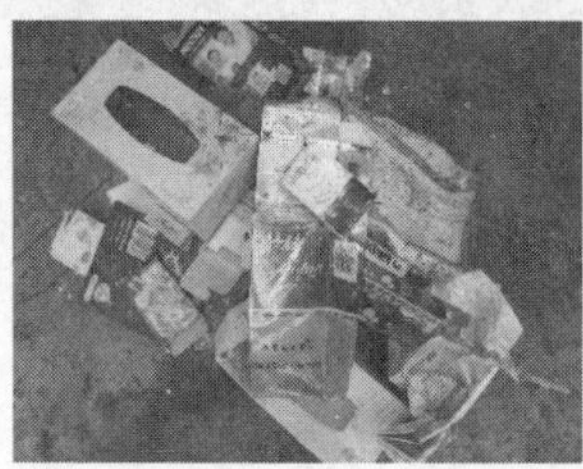

图5-29　五库学校每天分拣后的垃圾

(三) 南乐小区

南乐小区在开展垃圾分类工作之前，小区里垃圾桶的摆放较为凌乱，而且小区内并没有垃圾房(图5-30)。为了顺利开展工作，镇社区中心、居委会、物业、小区居民、小区保洁人员等各方会合开了通气会，明确了各方的主要职责，明确了垃圾分类工作将全面启动，并且各方需要分工合作才能保证工作的顺利完成。

图5-30　垃圾分类工作开展前的小区情况

同期确定的南乐小区的分类方案为：将垃圾主要分为厨余垃圾、可回收物、有害垃圾和其他垃圾4类。在实际工作中，南乐小区撤桶后实行定点投放，并根据居民的反馈结果设置定点投放点，随后根据第二次入户调研的结果确定定时投放时间。此次参与调研的总户数为77户，调研结果是：100%的居民不能正确、完整地掌握正确分类的方法；83%的居民会把有价值可回收物卖给废品回收人员；53%的居民会将低价值可回收物卖掉，32%的居民则会将其随其他垃圾一起扔掉；69%的居民会将有害垃圾扔到小区有害垃圾桶里，28%的居民则会将其随其他垃圾一起扔掉；95%的居民愿意在早(7:00—8:30)、晚(5:30—6:30)两个高峰时间段集中投放垃圾(其他时段小区内不设投放点)；83%的居民同意在明确知道如何进行正确分类投放前，只在小区南门口定点投放垃圾，待熟知方法且形成习惯后，于早、晚两个时间段也在北门新增的一个投放点投放垃圾。

根据调研反馈的结果，居委会、保洁人员、志愿者针对如何正确进行垃圾分类开始第三次入户宣传；同时，确定南乐小区自正式进入定点定时分类模式后，只在早、晚两个高峰投放时段设置投放点，在其他时段，小区内的公共场所不设置垃圾投放点（图5-31、图5-32）。

图5-31　正式撤桶后的小区实况

图5-32　小区定点定时垃圾分类启动仪式及兑换活动

小区还在公共区域配置了相关硬件，并利用宣传栏进行宣传。此外，小区志愿者为能定点定时投放并有良好分类习惯的家庭发放礼物，对来投放过但没能持续投放的家庭进行宣传指导（图5-33）。

图5-33　小区公共区域的硬件配置及户外宣传

在撤桶过程中，保洁队伍每天填写《不同时段各栋楼乱扔垃圾实况表》，以了解居民扔垃圾主要集中于哪个时间段、哪栋楼乱扔情况较明显、通过沟通宣传后乱扔情况是否改善等。在撤桶初期，保洁队伍不定时在小区观察，发现楼前乱扔垃圾的情况比预期要好。

三、上海市垃圾分类先进社区的案例分析

上海市的一些社区不断探索垃圾分类的工作方法，形成了诸多实践模式，并且得到了公众和媒体的认可。

（一）闸北区

1. 扬波大厦

2011年年底，上海媒体将扬波大厦（简称扬波）的垃圾分类情况定义为"扬波模式"并争相报道；2012年，政府相关部门把"扬波模式"评价为上海垃圾分类三大模式之一。目前，扬波已成为上海市著名的垃圾分类小区，政府、学者、媒体多次前往进行参观、交流。

扬波位于闸北区永兴路58弄，有2000年建造的两幢18层楼的商品房。现有住户159户，住户主要为教师、干部等知识分子和七浦路的市场企业主等。小区由业委会自主管理，没有物业公司。2011年9月25日，扬波开始向业主推行垃圾分类。扬波的11分类垃圾厢房，共经历了2次改造，10月在厢房及1个垃圾投放点分别安装了洗手池；12月初为厢房增设了金属物品、塑料瓶、干净的包装物、纸张、过期药品等分类回收桶。经过长期深入的宣传和引导，至2011年年底，小区垃圾分类达11类，使得小区内80%以上的可回收资源得以回收，居民垃圾分类参与率在90%以上，湿垃圾分类率在90%以上，湿垃圾除袋率在80%以上。2012年12月的评估结果显示，小区垃圾减量率

保持在60%以上。

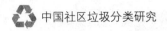

“扬波模式”指的是在政府部门、本社区居委会、业委会等的大力支持下，及在专业机构的指导和推动下，主要依靠居民自主参与、主动分类，所分类别较细，较少依赖社区二次分拣的垃圾分类模式。“扬波模式”有以下特点：

（1）开放式的分类垃圾厢房带来全新面貌。一直以来，垃圾厢房给人的印象是脏、臭，而扬波的垃圾厢房不但没有这两种情况，反而变成了很多媒体竞相报道和参观的场所。开放式的厢房便于居民投放、保洁人员管理、居民监督，同时也成了一个直观的宣传、教育、展示平台。

（2）社区自治和居民自主分类。扬波由业委会自主管理，没有物业公司，物业管理工作人员由业委会直接聘请，相关管理人员及保洁人员、保安都非常负责。在上海静安区爱芬环保科技咨询服务中心（简称爱芬环保）志愿者的带动下，业委会成员、物业管理工作人员都成了宣传和监督的志愿者，曾有物业管理人员在小区监控中看到居民没有进行垃圾分类，直接上门与居民进行了沟通。通过这样细致的工作和宣传，最终90%以上的分类工作都由居民自主完成，约10%的工作需要保洁人员协助。目前，小区居民垃圾分类参与率维持在90%左右。

（3）湿垃圾除袋法。“扬波模式”创造了湿垃圾除袋法，居民在家中先进行干、湿垃圾分类，之后，在投放湿垃圾时，把湿垃圾倒入湿垃圾桶，把垃圾袋投入干垃圾桶。垃圾厢房处为居民配备了水池、洗手液、热水器等，便于及时洗手。目前，小区平均每天产生厨余垃圾1.5—2桶。

（4）可回收物精细分类。垃圾分类开始后，不少居民主动询问关于衣服、利乐包如何投放等问题。为此，小区在厢房内增设了细分垃圾桶，其中可回收物细分为玻璃、纸张、金属、旧衣物、塑料瓶、其他塑料制品、利乐包7类。

2. 广盛公寓

广盛公寓（简称广盛）位于闸北区宝昌路738弄，建于2002年，有3幢18层楼的商品房。小区现有住户270户，居住人群层次一般，由陆家嘴物业管理。小区有2个垃圾厢房。

广盛为第一个“扬波模式”复制小区。2012年5月初—8月底，广盛进行了为期3个月的导入期，完成了组建垃圾分类工作指导小组、改造垃圾厢房、成立社区志愿者队伍等工作。2012年9月，广盛的垃圾分类工作正式推行。相比扬波，广盛拥有本社区的志愿者团队，志愿者团队在居民的动员和宣传工作上起到了非常大的促进作用。2012年10月的评估结果显示：居民垃圾分类参与率在90%以上，湿垃圾除袋率达86%，垃圾减量率为75%(图5-34)。

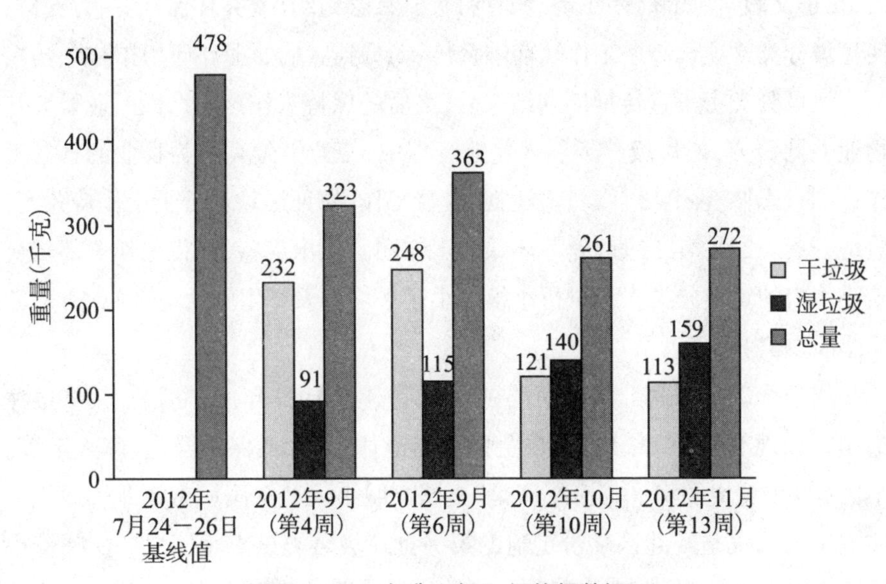

图5-34　广盛公寓干、湿垃圾数据

[资料来源：可持续行为研究小组(SBeRG)。]

广盛的模式是“一个带头人带动一个小区”。一位中国远洋控股股份有限公司的退休职工，曾在边疆为祖国站过岗、放过哨，现在退休了的他继续为自己的社区贡献余热，他会制作PPT、剪辑视频、制作简报。他便是龚伟龙——广盛的业委会主任。在他的带领下，广盛组建了一支垃圾分类志愿者小组。

在垃圾分类工作的筹备阶段，爱芬环保主动带领志愿者队伍，组织居民做了一轮又一轮的培训，基本让小区的每户居民都了解了垃圾分类的重要性。同时，在政府相关部门以及爱芬环保的支持和协助下，广盛改建了垃圾厢房、制作了倒计时牌、布置了垃圾旅行记等宣传品、组织活动让每户居民领取了垃圾桶，使整个社区都有了垃圾分类的氛围。

在垃圾分类工作正式启动后，龚主任又带领志愿者团队早、晚在垃圾厢房旁值班，对每位来扔垃圾的居民进行手把手的指导，还制作了简报发放到每栋楼,把垃圾分类进展反馈给居民。经过2个月左右的推动,社区的垃圾分类取得了很好的成绩。

垃圾分类工作虽看似小事,却是一项全系统、长链条的工作。在社区内,有业委会、党支部、物业共同参与;在社区外,有政府的相关职能部门(如市容所、街道文教科、妇联、团工委、城管科等)、社会组织(爱芬环保)的鼎力支持,使垃圾分类这项长链条工作从前端宣传、动员到后端处理环环相扣。

垃圾分类密集宣传推广期结束后,之后的保持工作该怎么做?业委会与物业共同研究,把垃圾分类加入物业管理中,使垃圾分类成为物业的日常工作;同时,志愿者团队继续负责巡视、监督工作,保证了垃圾分类工作持久、有效地开展。2012年11月,爱芬环保的工作团队撤出广盛,并将工作全部转交给小区内的垃圾分类工作执行小组。小区平均每天产生厨余垃圾1.5桶。

3. 临汾小区

临汾小区位于闸北区临汾路375弄,是建于1987年的售后公房、多层住宅小区。现有住户723户,住户主要为离退休干部、低保人群、残障人士等。小区有4个垃圾厢房。临汾小区是"全国文明小区""全国城市物业管理优秀住宅小区",也是闸北区临汾街道的第一批垃圾分类试点小区之一。临汾小区于2013年3—5月完成前期准备工作,6月3日向居民推行垃圾分类。临汾小区的保洁人员从一开始就参与到垃圾分类中,对小区垃圾分类成果的维持起到了关键作用。2013年8月的评估结果显示,小区垃圾减量率为37.38%。

该小区居委会党支部书记能力很强,在社区管理方面很有方法,对物业的督促作用比较突出。小区原有4个标准垃圾厢房和1个投放点(在正门),配备了2名保洁人员。正式实施垃圾分类后,投放点依然保留,方便居民在高峰时段投放垃圾,高峰时段结束后,由保洁人员将垃圾桶拉回就近的厢房。临汾小区于2013年6月2日发桶,6月5日正式实施垃圾分类。垃圾分类实施2个月后,垃圾减量率为37.38%。

临汾小区是爱芬环保实施垃圾分类以来,第一个要求保洁人员在值班时段兼做志愿者的小区,也是第一个仅仅值班1个月就停止志愿者值班的小区。由于保洁人员在一开始就参与了值班,非常熟悉和了解垃圾分类的要求和流程,除了可以按照标准进行二次分拣外,还能在后续的工作中承担起宣传督导的作用。因此，虽然志愿者仅值班1个月就结束了值班，但是小区的分类成果保持得不错。从后续维持情况来看，保洁人员的工作态度和责任心对垃圾分类工作的持续开展有着重要作用。

目前，居委会把垃圾分类纳入了楼组创建工作的内容之一。小区平均每天产生厨余垃圾6—7桶。

4. 岭南路270弄

岭南路270弄位于闸北区，小区建于1989年，为老公房、多层住宅小区，有物业。现有住户756户，总体经济情况中等偏下。小区配有2个垃圾厢房。岭南路270弄是闸北区临汾街道第一批试点小区之一，2013年3—5月完成了前期准备工作，6月3日向居民推行垃圾分类。小区面临老龄化严重、弱势群体较多的问题，但在志愿者的积极努力下，小区也完成了垃圾分类工作。2013年8月的评估结果显示：小区垃圾减量率为10.25%。

小区属老小区，住宅户型小，住户多。小区居民收入不高。居民中，老年人约占30%，且有70多名残疾人。在前期调研中，居委会对是否能在该小区推行垃圾分类颇有疑虑。经过多次交流后，居委会的意愿逐渐变强，对工作逐渐建立了信心。

居委会共动员了60名社区志愿者参与垃圾分类。部分志愿者在工作中非常积极，吃苦耐劳，特别是工作开展的第一个月，坚持每天早、晚各值班2小时，向居民进行垃圾分类宣传。项目结束后，志愿者把值班工作调整为巡视和监督，并坚持开展工作。在小区志愿者队伍中，数十位积极负责的居民志愿者每天主动清扫垃圾厢房，并对没分好类的垃圾进行二次分拣，这成为垃圾分类工作的一大亮点。

目前，垃圾分类志愿者已把值班改为每天早、晚巡视。小区平均每天产生厨余垃圾2—3桶。

5. 昌林公寓

昌林公寓位于闸北区景凤路52弄，建于2003年，为多层住宅小区。现有住户406户，主要居住人群为企业的员工及离退休人员，老年人约占35%，上班族约占35%，小孩较多。小区没有物业公司，采取自主管理的模式。小区有1个垃圾厢房。昌林公寓是闸北区临汾街道第一批试点小区之一，于2013

年3—5月完成了前期准备工作,6月3日向居民推行垃圾分类。昌林公寓垃圾厢房的位置一直被小区居民诟病,后来厢房的位置因垃圾分类工作的开展得以改变,这一改变也为垃圾分类工作的推动赢得了民心。2013年8月的评估结果显示:小区垃圾减量率为42.13%。

该小区的垃圾厢房很大,之前一直被保洁人员用来堆放可回收物,真正用于存放垃圾的只有2个小间。在前期调研中,居民皆认为垃圾厢房空间太大,建议去掉其中一间,给马路让点位置出来(因为垃圾厢房太靠近马路,私家车有几次撞上了墙体)。听取了居民的意见后形成的最终改造方案,获得了居民的认可,为垃圾分类工作的推进赢得了民心。

2013年3月,昌林公寓的垃圾分类工作启动。经过3个月的前期筹备工作,垃圾分类于6月3日正式开始。虽然小区最终取得了湿垃圾除袋率80%、垃圾减量率42%的好成绩,但在工作中也碰到了诸多问题。首先是志愿者招募困难。除了党员、业委会委员、支部委员外,没有其他居民愿意加入志愿者队伍。仅有的志愿者要么以各种借口逃避值班,要么在值班室消极怠工。此时,该小区的党支部书记带头主动值班,不怕脏、不嫌累地进行二次分拣工作,呈现出亲力亲为、干劲十足的状态,最终赢得了大家的赞誉和信任。后来,志愿者人数逐渐增多,志愿者的干劲也逐渐加强。其次是关于二次分拣的问题。二次分拣工作主要依靠保洁人员进行,保洁人员的工作态度是否认真、负责就非常关键。在垃圾分类工作开展初期,小区保洁人员不能理解和配合进行这项工作。经过一段时间的耐心劝导以及小额资金的激励后,保洁人员的工作才进入正轨。

经过半年的工作,小区取得了非常优异的成绩,并获得《经济半小时》《新闻透视》等重要媒体的报道。目前,小区垃圾分类情况很稳定,但仍存在问题:在没有志愿者值班时,还有少部分人乱投放垃圾。如何长期、持续、有效地监督居民?如何更好地激发居民的自觉性?还需小区不断地摸索和尝试。

6. 里昂公寓

里昂公寓位于闸北区场中路1129弄,建于1998年,为商品房小区。现有住户108户,居民素质较高。小区采取自主管理模式,没有物业。小区日常管理由一对外来打工夫妇负责,这对夫妇同时负责保安、保洁及停车工作。

小区有1个垃圾厢房。里昂公寓是闸北区临汾街道第一批试点小区之一，于2013年3—5月完成了前期准备工作，6月3日向居民推行垃圾分类。里昂公寓在居委会党支部书记、业委会及小区保洁人员的大力支持下，较为顺利地完成了垃圾分类工作。2013年8月的评估结果显示：居民垃圾分类参与率达到100%，垃圾减量率为50.04%。

在居委会的带领下，小区的垃圾分类推动工作主要依靠两股力量：小区党支部书记和业委会。小区党支部书记和业委会共同承担了调查、硬件改造、前期宣传等工作，并积极召集社区志愿者，进行针对居民的宣传教育工作。党支部书记与业委会多次召开专题会议，探讨垃圾分类推动工作中的问题和困难，并积极地想办法、想对策，极大地推动了垃圾分类工作的开展。此外，社区管理员——外来打工夫妇也功不可没。这对夫妇来上海已经10多年了，一直居住在此小区，负责整个小区的清扫、保安、日常管理工作，平日也协助业委会、居委会的日常工作。相对于其他人，他们对小区的住户更熟悉，哪家是新搬来的，哪家有小孩，哪家有生病的老人，他们都知道。他们与居民的关系也较好。在此次垃圾分类推动工作中，他们在承担二次分拣工作的同时，也能主动向居民进行宣传教育。他们的努力，成为小区取得垃圾分类成果最有力的保障。目前，小区平均每天产生厨余垃圾1—1.5桶。

7. 八方小区

八方小区位于闸北区大宁路700弄，小区内的一期住宅建于20世纪80年代，为动迁房，二期住宅建于20世纪90年代初，为售后公房和商品房。小区现有住户540户。小区有2个业委会，分别管理2个物业公司。小区居民以工薪阶层为主，居民中60岁以上老人约占30%。小区有2个垃圾厢房。八方小区是闸北区大宁街道第一批试点小区之一。2013年3—8月完成了前期准备工作，9月9日向居民推行垃圾分类。在开展垃圾分类前，八方小区每天产垃圾12桶，净重量达592.3千克。

八方小区原来有5个正式的垃圾投放点，10余个非正式投放点。要做垃圾分类，必须先撤点，只保留2个垃圾厢房。经过一段时间的前期宣传，在垃圾分类的第一天，居委会把非厢房投放点全部撤除。可是居民们对告示视而不见，依旧把垃圾扔在原处。第一周，几个投放点的垃圾就像小山一样堆着。居委会召开全体志愿者会议，其中有热心居民前来出谋划策。第二周，几个投放点处出现了几块移动小黑板，小黑板上写着“居民们：垃圾分类工作靠大家，请大家自觉将垃圾分类并把垃圾送到指定的地方，共同维护好本小区整洁的环境”。居委会的干部和志愿者把乱扔垃圾的场景拍下来，放在黑板报上。同时，志愿者积极向居民做大量的宣传工作并积极与居民沟通。志愿者曾通过在楼梯口的垃圾袋里发现的一张缴费单，找到了垃圾的主人，入户宣传垃圾分类。

1个月后，乱扔垃圾的情况得到了改善。之前大家担心撤桶后会引起居民的反对甚至激化小区内的矛盾，实际上，在细致的工作之后，大家担心的情况并没有发生。

小区开展垃圾分类工作3个月后，仍保持志愿者每天早、晚值班1小时。20—32号楼的垃圾投放点已全部撤除，1个月前有很多居民仍将垃圾扔在此处，但目前已基本无人乱投。目前，小区平均每天产生厨余垃圾3—4桶。

8. 新世纪公寓

新世纪公寓位于闸北区延长中路576号，建于2002年，为商品房小区，现有住户157户。小区居民层次较高，外来人口较少，总体经济情况中等偏上。小区有1个垃圾厢房。新世纪公寓是闸北区大宁街道第一批试点小区之一，于2013年3—8月完成了前期准备工作，9月9日向居民推行垃圾分类。垃圾分类前，新世纪公寓每天产垃圾6桶，净重量为194.7千克；分类后，每天产厨余垃圾3—4桶。10月时，小区的垃圾分类率为86%。

新世纪公寓只有2幢高楼，共157户人家，属高层住宅小区、老龄化的小区。新世纪公寓也遇到了一个相同的问题：志愿者很难找。通过居委会、业委会，以及张贴招募海报，小区都没有招到志愿者。在前期推进工作中，没有志愿者，可以由居委会或业委会来顶替；在开始垃圾分类后，没有志愿者在值班时对居民进行宣传、教育、引导，垃圾分类工作很难取得成效。

负责该小区的延铁居委会，只好把其他小区积极参与垃圾分类工作的居民和党员志愿者请过来，在小区内进行宣传和引导。这些“外援”志愿者把新世纪公寓当作自己居住的小区一样，尽心尽力地值班，为垃圾分类工作建言献策。有一位志愿者说：“我们做好这里的志愿者，如果以后我们小区也做垃圾分类,这就是一个经验。”

经过一两个月的工作,加上小区居民的努力,新世纪公寓的垃圾分类工作取得了不错的成绩,居民参与率达到了85%(表5-8)。小区开展垃圾分类3个月后,计划于12月将值班工作换成巡逻。小区9月产生厨余垃圾77桶,10月产生厨余垃圾98桶。

表5-8　新世纪公寓垃圾分类工作大事记

时间	事件
2013年3月	与大宁街道办事处沟通垃圾分类事项
2013年4—8月	完成硬件改造
2013年8月	垃圾分类调研(生活垃圾称重、垃圾组分调研、居民问卷调查)
2013年8月26日—9月	张贴宣传海报、画黑板报、拉横幅
2013年8月30日—9月6日	居委会发放问卷及征询表并回收统计
2013年9月6日	志愿者培训
2013年9月7日	发桶仪式
2013年9月9日	正式开始垃圾分类
2013年9—10月	1周1次垃圾分类例会
2013年11月	垃圾分类成果评估

(二) 普陀区

1. 绿洲公寓

绿洲公寓位于普陀区铜川路1422弄,建于20世纪90年代,有4栋高层(24层)住宅与8栋多层(6层)住宅,现有住户1192户。小区内60岁以上老人约占72%,三口之家较多,约占20%。小区有3个垃圾厢房。小区的垃圾分类工作分两批开展。2012年5—12月,首先针对多层住宅展开工作,5—9月底,完成了调研、硬件改造、志愿者队伍建设等前期准备工作,10月开始向居民推行垃圾分类。其间,绿洲志愿者团队以庞大的数量、敬业的精神成为一大亮点。2012年12月,小区推行垃圾分类第一个月后,评估结果显示:居民垃圾分类参与率在70%以上,垃圾减量率达46%。

该小区曾连续被评为市区级文明小区，在10多年前就已开展过垃圾分类工作，是普陀区率先实行垃圾分类的小区。1999年，小区第一次试点时，区里为小区内的多层住宅区域配备过一台在当时具备相当先进技术的厨余垃圾处理机；2008年，小区开展了第二次试点工作，但两次试点工作最后都不了了之。

由于绿洲公寓体量较大，爱芬环保的工作团队决定分两部分推进。针对多层住宅区域，从2012年5月开始筹备，用时6个月进行社区宣传、动员及硬件改造等工作，于2012年11月12日正式启动垃圾分类工作。1个月后，居民垃圾分类参与率达到70%，垃圾减量率达到46%；6个月后，垃圾减量率提高到59%。

2013年10月，高层住宅区域开始实施垃圾分类，截至11月28日，小区高层住宅区域平均每天能产生约7桶厨余垃圾，意味着绿洲公寓有将近60%的居民在进行分类。绿洲公寓在志愿者团队方面有明显的优势，小区拥有一支非常优秀的志愿者队伍。第一批值班的60名志愿者，从2012年一直坚持到2013年10月，其间只在春节时停过2个月，值班时间长达10个月。志愿者敬业、认真、负责，怀着一颗为社区奉献的心，令人感动。

绿洲公寓是爱芬环保在普陀区参与垃圾分类工作的第一个示范小区，小区投入了相当大的力量，进行了深入的居民动员。小区通过“开放空间”、团队共创、参与式工作等方法，对社区志愿者、居民以及物业保洁人员等进行动员；在正式分类开始前和相关利益方做详尽的沟通，前后沟通10多次；组织社区居民参访其他示范小区，参观江桥焚烧厂；组织了形式多样的居民宣传活动。

绿洲公寓的垃圾分类工作中，小区物业工作不力是最大的困难。物业实际支持不足，保洁人员缺乏参与分类的意愿，不利于垃圾厢房管理、二次分拣和分类清运。而这些细节，会很大地影响居民分类的积极性，降低分类成效。图5-35为2013年11月1日绿洲公寓垃圾组分的部分分析数据。

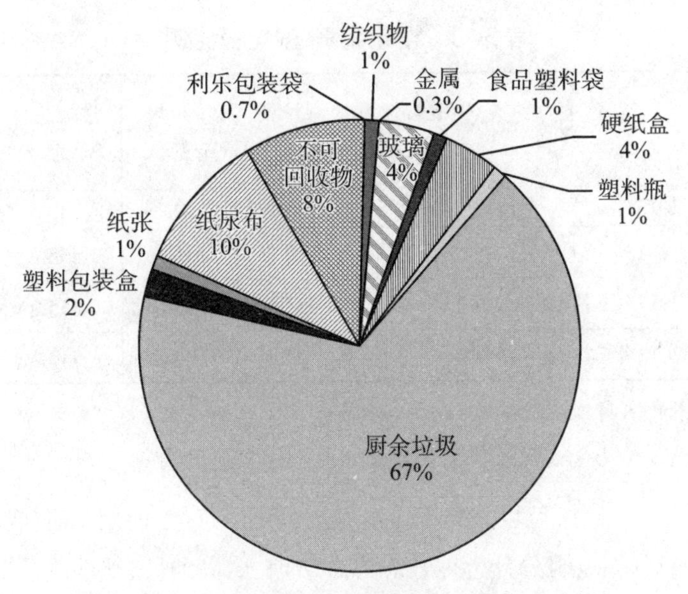

图5-35　绿洲公寓2号垃圾投放点垃圾组分分析

[资料来源:可持续行为研究小组(SBeRG)。]

目前,绿洲公寓多层住宅区域的志愿者值班工作已结束。小区多层住宅区域平均每天产生厨余垃圾4桶。高层住宅区域的垃圾分类工作已于2013年10月20日开始,当时的评估数据显示,湿垃圾除袋率为50%—60%。

2. 樱花苑

樱花苑位于普陀区北石路540弄,于1986年建成,以售后公房(产权房)为主,现有住户986户,其中50岁以上老人约占50%。小区有3个垃圾厢房。该小区有近千户居民,是市级文明小区,于2013年3—4月底,完成了前期准备工作,2013年5月向居民推行垃圾分类。樱花苑首次尝试了撤桶并点,将8个投放点撤为3个,不仅减轻了保洁人员的工作,也提高了志愿者的宣传效率。至2013年6月22日,小区推行垃圾分类一个半月,评估结果显示:居民垃圾分类参与率为59.94%。2013年7月16—18日的评估结果显示,湿垃圾分类率为42.7%(表5-9)。

表5-9　樱花苑干、湿垃圾比例

	日期	混合垃圾（千克/天）	湿垃圾（千克/天）	干垃圾（千克/天）	垃圾总量（千克/天）	湿垃圾分类率
分类前	2013年4月16—18日	748.6	0	0	748.6	0
分类后	2013年6月5—7日	0	292.7	515.5	808.2	36.2%
	2013年6月18—20日	0	287.5	567.5	855.0	33.6%
	2013年7月16—18日	0	405.4	543.8	949.2	42.7 %

资料来源:可持续行为研究小组(SBeRG)。

注:为了增强数据的代表性,每次测量连续3天的数据,取平均值。

2013年3—4月,垃圾分类工作组完成了社区宣传、前期调研(含普调、垃圾称重、观察、垃圾组分分析等)、志愿者培训、居民动员、硬件改造及撤桶等筹备工作,于5月正式开始分类。扎实的前期工作带来了丰硕的回报。小区在开始分类后的第5—11周,湿垃圾分类率从36.2%提升至42.7%。

作为团队的带头人,居委会的徐培英书记认可垃圾分类工作,在工作开始之初即表态:“要么不做,要做就要做到最好!”除了非常配合爱芬环保的工作,徐书记还特别用心、善于动脑、积极挖掘和激发团队的积极性。面对随时出现的情况和困难,她总是能够灵活机动地去处理,并采用多种方式推动工作的开展。因此,在垃圾分类工作进入稳定状态后,徐书记感慨地说:“垃圾分类工作不是一项单纯的工作,做好它,对社区的其他工作不仅具有一箭双雕的作用,甚至有一箭多雕的作用。”

在垃圾分类工作的基础上,该小区非常善于借助公益组织的力量。2013年9月5日,通过爱芬环保牵头,在北京社区参与行动组织的资助和支持下,樱花苑成功地举办了第一届邻里节。2013年11月,樱花苑的垃圾分类工作获得全国第二届远洋社区环保公益奖一等奖。目前,志愿者的值班工作已结束,部分居民会自发进行垃圾分类的监督。小区平均每天产生厨余垃圾5—6桶。

(三）静安区

万航公寓位于静安区万航渡路676弄52号,建于1993年,现有住户334

户。小区居民以退休老干部居多,老年人口占60%—70%。小区有1个垃圾厢房。万航公寓于2011年被定为静安区垃圾分类试点小区,属于在推进垃圾分类工作方面有一定基础的小区。2012年8月—2013年4月,万航公寓完成了包括垃圾厢房改造、添设水池等前期准备工作,于2013年5月向居民推行垃圾分类。小区居民多为退休干部,老龄化较严重,无法组建志愿者团队,但小区尝试通过设置声控喇叭、大型指示图、召开居民垃圾分类例会等方式,加强针对居民的宣传工作。2013年6月13日的评估结果显示:居民垃圾分类参与率达80%,湿垃圾分类率从46%提升到64%。

万航公寓是上海市中心老龄化社区的代表,其属于上海的老公房小区,主要居民为退休干部,居民的文化层次、收入水平都比较高。在爱芬环保进入前,小区已开展了近2年的垃圾分类工作,有少数居民能做到除袋投放垃圾,相比其他小区,万航公寓居民的素质和自觉性较好。

在前期宣传动员期,爱芬环保组织了一场万航公寓社区茶馆垃圾分类讨论会,邀请了30多位居民到会,讨论了如何在万航公寓开展垃圾分类,并征求了居民的意见和建议。其中很多意见得到了实现,如:在垃圾厢房前设置感应喇叭,有人走过时喇叭会发出"请分类,请除袋"的提醒;在小区内设置大型卡通提示板,非常活泼、有趣且一目了然。

由于居民对小区的依赖度低,参与小区活动的积极性不高,也不乐意担任小区志愿者,小区在组建志愿者队伍过程中多次碰壁,志愿者队伍未能建成。最终小区选择以定期召开垃圾分类交流会的形式,邀请热心居民提意见和建议。小区从4月25日正式开始垃圾分类以来,在不长的时间内就召开了5次交流会,讨论了小区垃圾分类工作中出现的问题以及解决办法。部分小区的老居民在自己投放垃圾或做早操时,会主动查看垃圾厢房的情况,提醒没有做分类的居民进行垃圾分类,或者协助保洁人员分拣垃圾。这些可爱的居民成了万航公寓"看不见的志愿者"。

万航公寓的保洁人员黄师傅非常认真负责,他将垃圾厢房打扫得非常干净。黄师傅说,万航公寓从2010年就开始做垃圾分类了,这无疑增加了他的工作量,起初他也很不愿意。但他说,自己是个非常较真的人,他认为该做的事就要做好。黄师傅住在万航公寓内,他上班后的第一件事就是检查湿垃圾桶是否干净，之后再进行二次分拣工作。在每天的工作中，黄师傅说花在垃圾分类上的时间大约为1.5小时。黄师傅还提到，其实垃圾分类也为自己带来了好处，他认为能把垃圾分好、管好，会有成就感。他认真负责的态度得到了居民的认可和尊重。黄师傅还上过两次媒体报道，使他在单位和家庭中非常受尊重。因为有黄师傅这样优秀的保洁人员，小区的垃圾分类工作更有保障。

2013年9月，万航公寓被选为静安区的5个绿色账户试点小区之一，探索绿色账户的实施模式。万航公寓是5个试点小区中分类效果最好的小区，平均每天产生厨余垃圾3桶、干垃圾1.5桶，平均2—3天产生废玻璃1桶，平均1周产生可回收物1桶，约半年产生有害垃圾1桶。

（四）闵行区

花苑二村位于闵行区谈中路59弄52号，1期小区居民于1997年入住，2期小区居民于2002年入住。花苑二村的居民以农村动迁居民为主，外加商品房居民，现有住户444户。小区居民总体经济情况中等偏下，居民中老人约占28%，小孩约占8%。花苑二村是动迁户小区，居民主要为农村人口。小区于2013年3—5月底完成了前期准备工作，2013年6月向居民推行垃圾分类。花苑二村创造了手绘垃圾厢房、简易垃圾厢房，为垃圾分类的推广积累了新的经验。2013年9月的评估结果显示：居民垃圾分类参与率约为70%，小区平均每天产生4—6桶湿垃圾，垃圾减量率约为20%。

花苑二村原有2个垃圾厢房、2个垃圾投放点，后在大门口新建了一个开放式垃圾厢房。小区配备了分类垃圾桶，安装了洗手水池及照明灯，同时还邀请了美术志愿者为垃圾厢房绘制了可爱有趣的“5分类猫”，不仅能吸引居民的注意力，也美化了垃圾厢房。漂亮、整洁、没有异味的垃圾厢房，成了小区居民新的聚集地，居民在此乘凉、聊天、织毛衣、开小会，不亦乐乎。

花苑二村共有40位志愿者，从2013年6月1日起，在90天的过程中，值班人次达340人次，值班时间超过1 150小时。刚开始，志愿者也有畏难、怕脏的情绪，爱芬环保甚至和志愿者有沟通障碍。经过一段时间的工作，农村人的质朴很快展现了出来，本来安排的每天2次、每次2小时的工作，志愿者自愿地每天去看七八次，因为志愿者担心在非值班时间内有居民不清楚如何投放垃圾，或者有人乱投放垃圾而弄脏了已分好类的垃圾桶。特别是在第一个月值班时，志愿者承担了2次分拣工作，工作量较大，非常辛苦。在9月的分享成果会上，志愿者看着自己辛苦取得的成果，非常开心。他们认为，垃圾分类必须持续地开展，而“我们是永远的垃圾分类志愿者”。

垃圾分类工作开展初期，大家对垃圾分类工作都没有信心，都不认为居民可以进行干、湿分类与除袋投放。同时各部门之间存在配合度不够、沟通不主动等问题。为此，爱芬环保提出了工作例会制度，要求垃圾分类工作组包括志愿者通过定期开会，沟通和确定相关事宜。花苑二村于2013年5月31日正式发桶，6月2日，居民垃圾分类投放正式开始。从6月开始，到8月项目结束，爱芬环保共召开了10次大大小小的会议，讨论如何做好分类工作。

第一个月的垃圾分类例会重点关注了志愿者，让志愿者直接与环卫、物业等部门对话、参与决策，激发他们的积极性及增强他们对整个项目发展的了解。第一周的3次会议上，志愿者都反馈了很有价值的意见和建议，有力地促进了项目的开展。

第二个月，与社区志愿者对接的工作交回给居委会。居委会每周召开工作指导小组例会，继续促进各部门之间的沟通，及时跟进相关事项。在整个过程中，通过工作实施和多次的沟通，花苑二村的居委会、物业、环卫之间已能很好地配合，在爱芬环保撤出之后，他们也能在遇到问题时主动联系，互相配合。

之后，垃圾分类工作由居委会负责。小区平均每天产生其他垃圾12—14桶，湿垃圾4—6桶，平均每月产生4桶可回收物、10桶玻璃。2013年10月，浦江镇26个小区的垃圾分类工作正式启动，相关领导和干部至花苑二村参观、交流。

第四节　中国台湾:社区行动引导政府走向“零废弃”

在20世纪80年代,台湾由于缺少拓展填埋场库容的土地,面临着垃圾危机。当台湾省政府将垃圾处理的做法转变为更大规模的焚烧处理时,社区的强烈反对不仅阻止了几十个焚烧炉的建设,也促使政府采纳了垃圾前端减量和循环利用的做法。这些做法非常有效,在人口和GDP都持续增长的情况下,垃圾量得到显著减少。但是,台湾省政府同时维系着焚烧处理和垃圾前端减量的政策,限制了垃圾减量策略的潜力,因为在焚烧层面的巨大投资,消耗了本可用于提高和拓展垃圾前端减量策略潜力的资源。目前,台湾的垃圾成分主要有6类(图5-36),垃圾转化率为48.82%,垃圾产生量约为每人每天0.942千克,人均垃圾管理费约为800新台币。

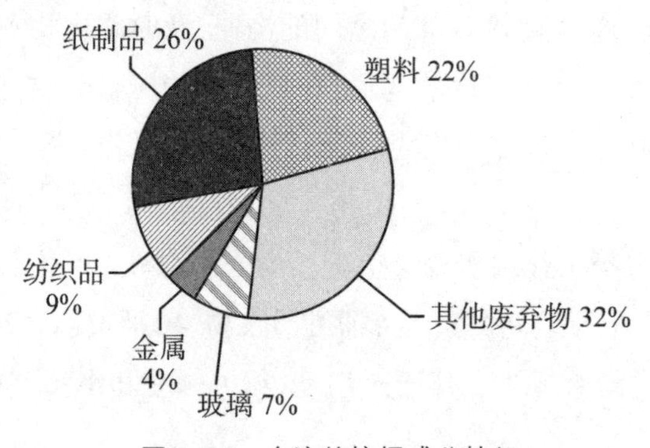

图5-36　台湾的垃圾成分特征

在20世纪80年代,过高的人口密度、工业的快速增长、填埋场的容量逼近最大限值以及缺少新的填埋场土地,种种因素导致台湾地区行政管理机构环境保护署(简称TEPA)将焚烧作为垃圾处理的优先选择,其次是垃圾填埋。这种选择在1990年得到重申。政府计划建造21个大型垃圾焚烧发电厂,于是在1996年招商建设了15座城市生活垃圾焚烧发电厂来实现目标

——每个县至少拥有1个垃圾焚烧炉。

社区广泛组织人员反对这些计划，举行了数十个反焚会议。在2002年，这些“草根运动”通过台湾反焚烧炉联盟（简称TAIA）的发起得到发展。结果，到2002年，计划建造的36个焚化炉中有19个建成，这19个焚化炉的处理能力总和能达到2.1万吨/天，而全台湾的城市固体垃圾产量少于2万吨/天。尽管有社区强烈抗议，TEPA仍维持其计划，大力发展焚烧处理能力。事实上，2003年，TEPA的37亿新台币财政预算的1/3都流入了垃圾焚烧处理，只有1亿新台币用于堆肥。122个社区组织签署了一封给政府的公开信，在信中，社区组织指出现存的焚烧炉处理能力过剩，焚烧炉排放的污染物会导致环境、健康问题，并敦促政府将资源投入更安全、可持续的选项中，如垃圾前端减量、回收利用和堆肥。

一、垃圾前端减量目标

迫于社区组织的压力，2003年，TEPA采纳了“零废弃”政策。初期，“零废弃”的定义还包括焚烧，后在社区组织的批评下，2003年，被采纳的“零废弃”的定义是“通过绿色产品、绿色消费，源头减量、重复利用、循环再生”。此外，TEPA还设立了垃圾转化目标：2007年达到25%，2011年达到40%，2020年达到75%。和大部分转化数据不同，这些数据以2001年产生的833万吨垃圾为静态基线。焚烧仍然是台湾垃圾处理计划的一部分，只是优先级位于此“零废弃”政策之后。

二、减少包装和一次性用品

TEPA在实现垃圾前端减量的方法中，突出强调了生产者责任延伸制（简称EPR）——生产者有责任改变设计及生产环节，通过改变产品与包装去减少垃圾的产生。同时，生产商需要处理自身生产的产品，在它们被丢弃和回收之后，对其进行重新利用或处理。这种方法既涉及强制减量目标、自愿性协议，还涉及对商业和制造业的鼓励。

（一）限制箱盒重量

在2006年，政府采纳了关于包装的限制政策，其中涉及电脑软件CD盒、化妆品盒、酒饮和食品包装盒。2009年，TEPA与五大笔记本电脑生产商签订了减少包装的协议，估计仅一年就减少了大约3 700吨的电脑包装垃圾。

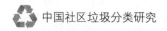

(二) 禁止学校和政府机关使用一次性餐具

2006年，TEPA要求政府机关和学校停止使用一次性餐具。2007年，这种要求扩展到纸杯。

(三) 减少塑料袋和塑料包装

2007年，TEPA下令要求超市减少使用塑料袋，商家需在第一、二年达到垃圾减量目标的15%和25%，2011年需达到35%。便利店开始使用更薄的包装或者销售未包装的商品(实施的第二年，有30%的商品在未包装的情况下被购买)。根据TEPA的统计，第一年的垃圾减量率平均为21%，2009年达到33%；2007年7月—2009年11月，用不可再生资源制作的包装材料量减少1 400吨。经营者如果无法达到指定目标，或者不能实现生产者责任延伸的减量计划或减量结果，会被处罚3万—15万新台币。

(四) 倡导减少一次性筷子的使用

2008年，政府要求便利店和咖啡店提供永久性筷子，不再主动给外带食品提供一次性筷子。据TEPA统计，这项政策估计每年削减了4 400万双筷子的使用，减少了350吨垃圾。

(五) 减少一次性杯子的使用

2011年，TEPA要求快餐店、饮料店、便利店给自带杯子的消费者提供折扣或者产品加量。对不执行此办法的商店，TEPA规定，当消费者每还给店铺两个杯子，店铺就得返还消费者1元新台币。TEPA将此举作为回收利用一次性杯子的措施之一。

三、循环利用最大化

(一) 资源回收管理基金

台湾强制要求制造商、进口商对包装物、容器、轮胎、一些电子和电器商品、汽车、电池以及日光灯等强制性可回收物进行报告、标示，还要基于材料、数量、重量和回收利用程度的不同支付给资源回收管理基金一笔费用。资金将被用于覆盖收集和回收利用方面的支出，作为发展循环再生体系的公司和政府的补贴。回收再利用机构需要稽查，以明确回收物的量并确保操作合法合规。这种回收利用系统被称为四合一系统，实现了居民、当地政府、回收企业和资源回收管理基金董事会的合作。

台北和新北的“谁丢弃，谁付款”方式

台湾的两个城市证明了“谁丢弃，谁付款”方式对资源分类回收体系的快速推广非常有效。

2000年，台北对垃圾回收的收费方式做出了调整，从基于“随水费”征收的方式转变为“随袋”征收的方式：居民被要求用购买的授权袋子（在各个商店均有销售）来处理残余垃圾。这能激励人们在减少垃圾的同时进行垃圾分类。据估算，与1999年相比，2003年，整个体系使垃圾产生量减少了28.3%，回收利用率从2.3%提升到了23%。

新北，台湾最大的城市，在2008年开始逐渐引进“谁丢弃，谁付款”的方式。2011年1月，此方式已经覆盖了整个城市的390万人口，垃圾减量的成效比台北更加显著。与2008年相比，2011年新北的垃圾残渣率下降了47.3%（2008年为2 497吨/天，2011年为1 316吨/天）。

资料来源：零废弃联盟。

（二）强制回收饮料瓶

大部分饮料销售商都被要求安装容器用于回收空瓶子，这些销售商包括商城、超市、便利店、化妆品店、加油站、快餐店和有饮料自动售贩机的商店。据统计，台湾大概有14 000个此类回收点。若饮料销售商违反规定，将被处罚6万—30万新台币。

（三）强制回收电子垃圾

作为四合一系统的一部分，台湾在1997年宣布强制回收电子垃圾，并且协调居民、回收商、当地政府和资源回收管理基金董事会监督回收过程。

2010年,台湾省政府颁布有关规定,要求电子电器产品的零售商回收并处理电子电器产品。依据政策,零售商不可以向消费者收取此服务的费用,亦不能拒绝服务。消费者被要求填写一份表格来确保商家回收和处理过程的透明,不遵守规定的商家将会被罚款6万—30万新台币。

四、垃圾源头分类

2005年,台湾采用了从属于"垃圾处理行动"的两阶段项目,要求人们把垃圾分为可回收物、厨余垃圾及其他垃圾。

第一阶段,在7个市和10个县推广这个项目。第二阶段,从2006年开始,把垃圾分类推广至整个地区。那时候,台北也在推广"谁丢弃,谁付款"的方式,随后推广的是新北。

台湾"垃圾处理行动"项目要求公众把可回收物直接放置于可回收物收集车里。垃圾收集车(收集可回收物、厨余垃圾和其他垃圾)由政府雇用的垃圾收集团队来运行。收集不同种类垃圾的收集车同时行进,以便市民能一次性带出所有垃圾(图5-37)。

图5-37　有垃圾桶的厨余垃圾收集车(图左侧)和附带大袋子的可回收物收集车(图右侧)
(资料来源:台湾观察学院)

垃圾收集团队需要把收集回来的垃圾进行分类。每个区都有分类销售可回收物的地点,有时候可回收物也会被混着卖给回收者,由他们再进行分类。

五、食物垃圾回收再利用

食物垃圾回收再利用计划涵盖了对已分类食物垃圾的回收。到2009年，已经有319个城镇具备了食物垃圾回收再利用体系。回收的食物垃圾总量从2001年的80吨/天升至2009年的1 997吨/天。回收的大约75%的食物垃圾会以400新台币/吨的价格被销售给养猪场，其余食物垃圾大部分被用于堆肥（图5-38）。为了鼓励对食物垃圾的回收，政府为教育、倡导和建立堆肥设施等措施提供经费。

图5-38　台湾中部石岗镇垃圾收集团队的堆肥活动
（资料来源：台湾观察学院）

六、GDP与垃圾产量脱钩

经济增长和垃圾减量通常看似是相互矛盾的目标：更多的财富几乎总会导致更多的垃圾。台湾提供的数据（表5-10）表明，有效的垃圾预防计划能够打破这种关联。从2000年到2010年，垃圾产量从870万吨减少到795万吨，然而GDP增长了34.00%。同时，人口也在增长，2010年人均垃圾产量比2000年减少了12.58%。几个因素综合产生了垃圾减量的成绩。20世纪八九十年代的垃圾填埋场危机使得个人与社区组织提高了对垃圾减量和回收再利用的认识。此外，贫富差距的增大使得多数财富集中在少数人手里，那些财富仅够维持现状甚至财富状况走下坡路的人，不希望他们的收入变成增加的垃圾。可是，仅这些原因不足以解释那个时期减少的垃圾产量，看来需要通过更多的调查研究来分析种种因素。如此显著的垃圾减量，更大程度上可能归功于有效的垃圾预防政策。

表5-10　台湾的垃圾产量、人口及GDP的趋势

年份	人口	GDP(美元)	垃圾产量(吨)	人均垃圾产量(千克)
2000年	2 210万	3 212.30亿	870万	393.67
2010年	2 310万	4 304.50亿	795万	344.16
对比值	+4.52%	+34.00%	-8.62%	-12.58%

资料来源:台湾地区行政管理机构主计处、台湾地区行政管理机构卫生署和北京兰道尔管理顾问有限公司发布的《中国内地(大陆)与香港及台湾GDP比较(1949—2010)》。

根据表5-10中的数据计算可得,2010年,台湾的垃圾转化率是48.82%,这个数据来自那些未通过填埋或焚烧处理,而是通过回收利用、堆肥、喂食动物等方式处理的垃圾。残余垃圾(指最终填埋或者焚烧的垃圾)从1997年的1.14kg/(人·日)下降到2010年的0.48kg/(人·日)。

表5-11　2010年台湾生活垃圾产量和处理方式

<table>
<tr><th>类型</th><th>吨/年</th><th>小计(吨/年)</th><th>比例</th><th>小计(吨/年)</th></tr>
<tr><td>回收的园林植物和大件垃圾</td><td>80 217</td><td rowspan="3">3 884 998</td><td>1.00%</td><td rowspan="3">48.82%</td></tr>
<tr><td>回收利用的食物垃圾</td><td>769 164</td><td>9.67%</td></tr>
<tr><td>回收利用的其他垃圾</td><td>3 035 617</td><td>38.15%</td></tr>
<tr><td>填埋或掩埋的垃圾</td><td>181 771</td><td rowspan="3">4 072 603</td><td>2.28%</td><td rowspan="3">51.18%</td></tr>
<tr><td>焚烧的垃圾</td><td>3 888 641</td><td>48.87%</td></tr>
<tr><td>其他方式处理的垃圾</td><td>2 191</td><td>0.03%</td></tr>
<tr><td>产生的垃圾总计</td><td>7 957 601</td><td></td><td>100.00%</td><td></td></tr>
</table>

资料来源:基于TEPA公布的数据。

七、垃圾焚烧与垃圾减量之争

当台湾省政府宣扬其垃圾减量和回收利用政策时,焚烧在台湾垃圾管理系统中仍扮演主要角色。有赖于台湾的社团组织积极阻碍垃圾焚烧,台湾没有完成原定计划中许多焚烧炉的兴建,并且从2002年开始,台湾城镇

垃圾焚烧量一直保持在比较稳定的数值。然而,由于焚烧费用非常高,需要相当大的财政预算,导致台湾在垃圾减量和资源回收利用上所做的努力严重不足。

目前还有24个焚烧炉在台湾运行,它们处理台湾60%的城市固体废物和40%的工业垃圾(图5-39)。然而,自2004年开始,焚烧设备就已经面临缺少可燃物和社区抗议污染物排放的问题了。台北的3个焚烧炉不得不部分运作,因为没有足够的可燃物。此外,台湾省政府提倡将灰渣再利用于建筑及路面工程,导致了一系列的环境责任问题,因为有很多有毒物质分布于灰渣中。由于许多公司不愿意在自己的路面上使用灰渣,而政府也没有足够多的空间存储这些灰渣,灰渣通常会流向农田之类的地方,造成了巨大的环境威胁。

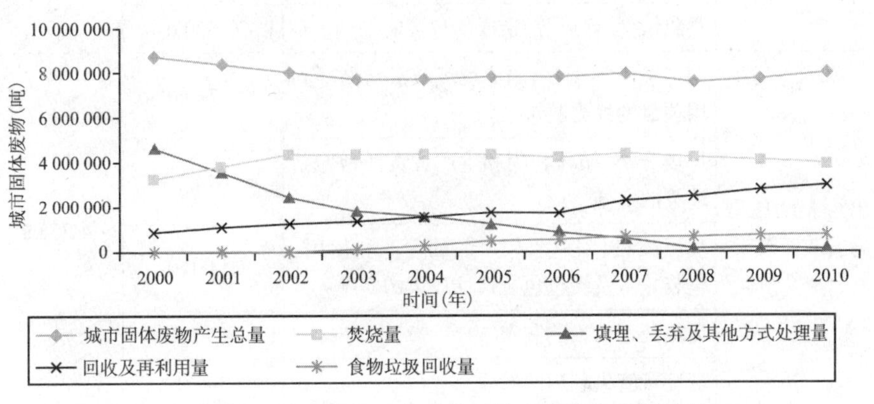

图5-39　2000—2010年台湾固体废物的产生与处理

(资料来源:基于TEPA的数据。)

一份分析台中、台北和台南3个城市的进入垃圾焚烧炉的垃圾成分的报告显示,其中48.6%都是有机物(如厨余垃圾和庭院有机垃圾),同时非有机可回收资源占9.3%,因而被烧掉的垃圾中有57.9%是可循环再利用或者可堆肥处理的,这个数据还可能会更大。例如,在台湾省政府认定为垃圾的其中的30%(不可循环再利用的纸制品如厕纸和有污渍的纸)是可以用来堆肥的。

焚烧炉的建设和运行需要长期的巨大投入,消耗了本可以用于提高资源再生利用的资金。2011年,TEPA的综合垃圾管理预算如表5-12所示。

表5-12　TEPA的综合垃圾管理预算(2011年)

<table>
<tr><th>类别</th><th>项目</th><th>新台币(万元)</th><th>小计(万元)</th></tr>
<tr><td rowspan="10">支付给地方实施综合垃圾管理项目与政策的补助</td><td>教育和倡导</td><td>3 000.0</td><td rowspan="10">235 224.4</td></tr>
<tr><td>垃圾收集车</td><td>32 850.0</td></tr>
<tr><td>堆肥处理设施设计</td><td>100.0</td></tr>
<tr><td>装饰及建筑垃圾的收集、分类与循环利用</td><td>2 401.5</td></tr>
<tr><td>“零废弃”项目</td><td>30 992.5</td></tr>
<tr><td>食物垃圾回收再利用</td><td>15 860.0</td></tr>
<tr><td>大件垃圾再利用</td><td>4 899.0</td></tr>
<tr><td>焚烧灰渣再利用</td><td>35 300.0</td></tr>
<tr><td>分期偿还焚烧炉建设的费用</td><td>100 221.4</td></tr>
<tr><td>紧急情况(台风等)造成的垃圾的处理</td><td>9 600.0</td></tr>
<tr><td rowspan="5">出台及实施台湾省政府政策</td><td>制定关于零废弃、源头垃圾减量与循环利用项目的综合政策</td><td>1 730.0</td><td rowspan="5">4 734.2</td></tr>
<tr><td>垃圾分类、循环利用和生产者责任延伸制政策的实施</td><td>674.2</td></tr>
<tr><td>垃圾减量、限制水银产品的生产和使用、包装减量及绿色包装设计政策的实施</td><td>1 480.0</td></tr>
<tr><td>垃圾处理政策的制定</td><td>550.0</td></tr>
<tr><td>焚烧灰渣再利用的监管</td><td>300.0</td></tr>
<tr><td>生产者责任延伸制(TEPA运作的资源回收管理基金)</td><td>为资源再生、收集和处理公司提供资助;给循环和再利用企业的资助鼓励;代表其他方面支付垃圾处理服务的费用;审计和鉴定等的其他费用</td><td>139 272.6</td><td>139 272.6</td></tr>
<tr><td colspan="2">总计</td><td>379 231.2</td><td></td></tr>
</table>

资料来源:TEPA。

台湾的垃圾减量和循环再利用政策似乎正在产出积极的结果,在未来仍存在极大的改进潜力。投入的有机垃圾回收利用资金是绝对可以加大的,因为目前与之相关的资助与项目极其有限,且食物和园林垃圾是城市固体废物的主要组分。同样,可以向“谁丢弃,谁付费”方式学习成功经验,因为它成功减少了台北和新北的垃圾产量且提高了源头分类效果。台湾的民众强烈反对垃圾焚烧并希望开展垃圾前端减量和再利用的工作，遗憾的是，建设焚烧炉和处理焚烧灰渣使用的资金占用了大量本可以用于进一步发展垃圾减量和循环利用的资金。

第五节　国际案例

一、美国旧金山：市政府营造零废弃文化氛围

旧金山确立了自己在全球垃圾管理领域的领头羊地位。这个城市已经取得了77%的垃圾转化率，为全美第一。这种成就是用三管齐下的方法取得的：颁布强有力的垃圾减排法；与志趣相投的垃圾管理企业一起创造新项目；通过激励和宣传的办法，努力营造循环利用和堆肥的文化环境（图5-40、图5-41）。

图5-40　旧金山的一辆公交车上印着堆肥的广告
（资料来源：拉里·斯特朗，Recology公司）

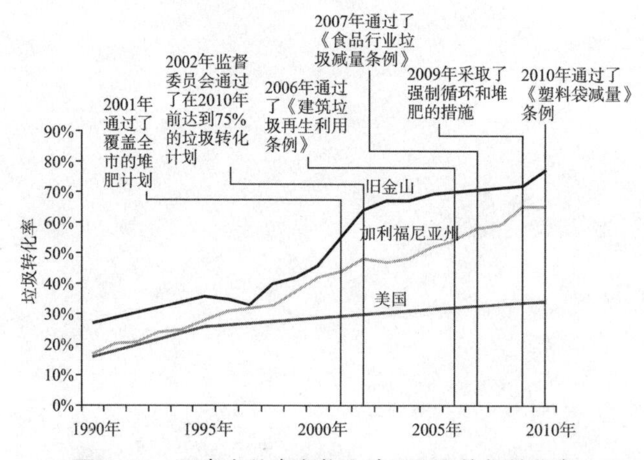

图5-41　旧金山的废弃物立法历程和垃圾转化率
（资料来源：旧金山规划与城市研究协会2010年的数据。）

位于加利福尼亚州的旧金山的土地面积相对于大都市而言太小了，而且旧金山的人口非常多样化。这个城市的垃圾主要由旧金山公共事务与公共卫生局管理，旧金山环保局负责实现城市零废弃的目标。环保局与关注垃圾管理的民间伙伴Recology公司紧密合作，后者有一个劳动者联盟，负责回收、循环利用和处理这座城市中的全部商业垃圾和居民社区的生活垃圾。环保局的零废弃项目团队重点关注由城市授权的回收计划宣传和各方的实施情况，并在地方推进废弃物减量政策。

（一）以法律成效为基石

旧金山的零废弃之路始于1989年颁布的州法律——《垃圾管理一体化法案》，该法律要求城镇生活垃圾转化率在1995年之前达到25%，在2000年前达到50%（图5-42）。旧金山在此要求的基础上，连续颁布了一系列条例，把垃圾流中的其他部分也包括在内。2001年，旧金山在全市收集厨余垃圾进行堆肥。2002年，旧金山地方议会确定了到2012年垃圾转化率达到75%，在2020年之前实现垃圾末端处理量为零的目标。从此，旧金山不断通过立法敦促城市、社区居民和商家提高回收利用率。旧金山的垃圾减量管理法包括：2006年通过的《建筑垃圾再生利用条例》，2007年通过的《食品行业垃圾减量条例》（要求餐馆使用可堆肥或者可回收利用的打包盒），2010年通过的《塑料袋减量条例》等。2009年，当社区居民和商家都形成了自愿堆肥的习惯之后，旧金山颁布了一项具有划时代意义的法律条款，要求所有商家和居民都要将垃圾回收利用和堆肥。旧金山开始实施强制性的回收利用和堆肥措施。

图5-42　20世纪初旧金山的垃圾回收者

旧金山新颁布的法律要求零售商从2012年10月开始必须提供可堆肥、以循环再生材料制成的或可循环利用的袋子。所有这些法律条款的出台都是经过深思熟虑的，既要有必要的公共配套设施，又要建立在参与者支持及相应的工作和教育基础之上。法律也授权环保局面向每一个家庭和企业来实施这些措施,如有必要还可以强制执行。

旧金山持续践行零废弃的原因之一是公民基础——公民要求通过政治承诺来确保环境的可持续发展。旧金山有活跃的、具有影响力的公民领袖,包括来自环保领域的倡导者。比如,给地方议会提供建议的环境委员会,委员会由7人组成,包括1名环境律师兼生态教育家。这个团队进行最前沿的环境议题研究,提出解决方案和法规草案供市长和地方议会投票。地方议会随即回应居民的环境诉求,定期审批相关法规草案。

另一个促使垃圾减量法律通过的原因与利弗莫尔(Livermore)的阿尔塔蒙特垃圾填埋场(Altamont Landfill)的成本有关。由于旧金山没有自己的垃圾填埋场,所以旧金山在1987年与垃圾管理部门签订了在阿尔塔蒙特垃圾填埋厂填埋垃圾的协议,合同规定了可以堆放65年垃圾或者1 500万吨垃圾,以首先到达限值的一项为准。由于每天倾倒1 800吨垃圾,当年预计旧金山将在2015年达到存放极限。如果用更新后的垃圾转化数据来计算,旧金山将在2016年达到存放极限。未雨绸缪,旧金山与Recology公司签订了下一个垃圾末端处理合约,新垃圾填埋场位于尤巴县(Yuba)。条款与前者相似:10年或者500万吨容量,以首先到达限值的一项为准。因此,垃圾转化率的提高和零废弃目标的达成,将会继续节约垃圾填埋的实际成本。

(二) 与当地公司的合作造就创造性的项目

除了以立法的方式规定居民和商家应该进行垃圾减量与源头分类,旧金山还和负责垃圾收运的合作伙伴Recology公司携手,推出了强有力的垃圾收集和定价方案,作为立法的补充。随着时间的推移,旧金山的市政部门与Recology公司发展出一种共生关系。市政部门负责监督、政策研发、扩展服务以及对技术与实践的调研,而Recology公司则负责开发、测试和运行可用于可回收物、可堆肥物等的基础设施。根据1932年的约定,该公司具有垃圾回收的专营权,尽管没有合同,但是旧金山市政府仍然保持着对Recology公司业务的影响力,主要通过每隔5年进行1次调价的措施来体现。政府部门还会每周与Recology公司探讨出现的问题和下一步的计划。

这种合作的重要产出是旧金山现行的回收体系——“神奇三桶”。“神奇三桶”始于1999年,使用黑色、蓝色和绿色的手推桶来分类收集纯垃圾、可回收物和可堆肥物。该体系于2003年全面推行,商家和社区居民先进行垃圾源头分类,之后两厢后装式垃圾车就会收集纯垃圾和可回收物,小型的侧装垃圾车会收集可堆肥物。“神奇三桶”项目率先在美国提高了有机垃圾收集和堆肥的比例。

对垃圾收集服务进行定价,能够激励Recology公司向其客户提供回收和堆肥服务。所有的社区居民都向Recology公司支付最低限度的垃圾收集服务费,并根据垃圾体积支付额外费用。Recology公司在不额外增加收费的情况下,给社区居民提供回收和堆肥服务(图5-43、图5-44);给企业提供这两项服务时,Recology公司也只收取25%的费用。这样,通过减少垃圾费的方式,鼓励企业做回收和堆肥(图5-45)。使用这种策略,Recology公司主要通过两种方式盈利:一是从回收和堆肥服务中获得收益,并通过售卖最终的可回收物和肥料获得收入;二是通过超额完成企业层面的垃圾转换目标和减少城市层面的垃圾末端处理量,而获得额外200万美元的津贴。为了达成目标和提高转换后垃圾的价值,Recology公司加大了对回收基础设施的投资,包括对混合垃圾分类回收设施和几个区域性的堆肥厂的投资。值得一提的是,Recology公司还进行市场开发,使有机肥能销往当地农场和园地,这既增加了自身的收益,又实现了物质循环。

图5-43　公寓楼内的堆肥海报和厨余垃圾收集桶

图5-44　杰普森草原堆肥公司的现代堆肥设施
（图片来源:拉里·斯特朗,Recology公司）

图5-45　Recology公司的卡车车身广告
（资料来源：Recology公司）

另外值得注意的是，旧金山非正式回收部门的发展也蒸蒸日上。这是因为加利福尼亚州颁布了包装瓶法案，将玻璃瓶和塑料瓶定价为5美分或10美分，此外旧金山设立了20多个回收中心，使社区居民和收集人员能将可回收物兑换为现金。该市有小部分人以回收纸板、金属和电子废弃物为生，这得益于加利福尼亚州环境保护署出台的对环境有利的有偿回收条例，也得益于州法律规定的可回收物的强制回收目录，而且在国内、国际市场渠道健全的情况下，这类废品的市场价值提高了。

（三）向零废弃文化转变

旧金山非常成功地转变了社区居民的思维、习惯和文化认识，使其接受了零废弃的目标。在美国，这样的成就来之不易。一般说来，人们对食物残渣和湿垃圾的看法都是消极的。在2012年3月，旧金山成功做到了将第100万吨有机垃圾做成肥料。类似这样的里程碑式的标志性事件对于创造零废弃历史而言，十分重要。

该市的零废弃处有11名工作人员，各自负责垃圾管理的不同部分。该处有1名负责人、4名关注商业领域的垃圾专家、3名关注居民生活领域的垃圾专家，另外有3名专家的关注领域是城市管理，另有1个处的几位工作人员负责有害垃圾的减量，除此之外还有1个宣传处。这11个人负责制定为达成零废弃所必需的所有战略、项目、政策和激励措施，主要涉及3个方面的内容：一是关注建筑垃圾，与建筑商、承包商一起合作拆解建筑材料，并用Recology公司的混合垃圾分类回收设施将建筑垃圾回收利用；二是帮助企业全面实施“神奇三桶”项目，并且确保企业遵守旧金山的强制回收和堆肥的法律；三是关注商业垃圾的政策和措施，如生产者责任延伸制度、州级立法或议会投票措施。

对于居民的生活垃圾，所有少于6居室的住宅都要做有机垃圾分类和收集，大多数的大型多住户公寓（9 000栋中的7 200栋）也要如此。目前，旧金山把重点转向了剩余的1 800栋还未做堆肥的超过6居室的住宅——这大概占旧金山所有住宅的20%，当中包括公租房、单身公寓和廉租房。

市政府还以身作则，为自己定了一个目标。因为其垃圾产量占城市垃圾总量的15%，为促进垃圾减量，政府部门建立了一个在线虚拟仓储系统，用于协调不同部门相互交换多余物资，虚拟仓库也用于帮助政府进行绿色采购。

此外，环保局内还设有独立的宣传处，宣传处聘请了20个工作人员开展环保倡导工作，这些人大多来自"环保进行时"，一个由旧金山环保局运作的年度绿色工作培训项目。"环保进行时"的参与者来自旧金山的各个地方，特别是市政部门服务不到位的有色人种社区。这些人代表环保局的各个部门做宣传，包括能源利用处、可再生资源处、有毒化学品处、清洁空气处和城市园林绿化处，提高了环保运动的社区参与度。对于零废弃项目而言，只要基础设施落成，他们就能帮助市民培养回收与堆肥的习惯。

旧金山环保局的成功还部分归功于源源不断的资金——资金并非来自市财政，而是直接来自垃圾收集服务费。零废弃项目的整体预算大约是每年700万美元。Recology公司收取垃圾收集服务费，并且将钱定期存入一个账号，以支付这笔预算。

（四）未来目标与零废弃

旧金山2010年的垃圾填埋量比2009年减少了15%。更令人震惊的是，2010年的垃圾末端处置量几乎是2000年的50%。2010年，旧金山人均垃圾日产生量为1.7千克，其中有77%被回收利用。市政部门评估后发现，剩下的23%的垃圾当中还有75%是可回收利用的，一旦回收了这部分垃圾，回收利用率即可超过90%。旧金山已经几乎全面实施了"神奇三桶"项目，这个城市用了20年的时间，让整个城市的行为与文化发生改变。环保局一方面争取让最后的20%的大型多住户公寓和商户开始进行垃圾分类，另一方面把目光聚焦于一个能自动分类湿垃圾的新项目。这个项目需建设低温工作的机械和生物分离厂，既要带有厌氧消化功能，也能让垃圾分拣者拆开垃圾袋并回收垃圾流中的小件垃圾。在理想情况下，于2020年零废弃期限之前，这个项目将会筹备完成。

通过独特的综合管理、长期的伙伴关系以及参与式的宣传，旧金山正在创造一个零废弃城市的典范。

二、西班牙埃尔纳尼：以上门回收策略减少垃圾末端处置

2002年，面对垃圾填埋场几乎无处可填的情况，西班牙吉普兹克阿省(Gipuzkoa Province)的垃圾管理联合体提议新建两个垃圾焚烧炉。市民极力反对，并阻止了其中一个的建设(图5-46)。埃尔纳尼(Hernani)和附近的其他两座小城已经积极开展了一项计划，进行垃圾(包括有机垃圾)的源头分类和上门回收，并得到了社区居民的热烈响应。目前，进入垃圾填埋场的垃圾量已经减少了80%。由于新上任的官员也反对焚烧，上门回收方案将在整个区域内实施。

图5-46　抗议者要求暂缓垃圾焚烧炉的建设并支持零废弃计划
（资料来源：吉普兹克阿省的Zero Zabor组织。）

2010年5月，埃尔纳尼市政府采用了乌瑟比尔(Usurbil)的模式。市政府给每个家庭分发了两个小箱子，在房屋和其他建筑物前钉上了可以挂箱子和袋子的钩子，挪走了街上的大垃圾箱，强制实行垃圾分类，并且进行上门回收(图5-47)。市民开始把有机垃圾、轻包装材料、纸张、纸板以及其他垃圾放在房屋前。

图5-47 埃尔纳尼和乌瑟比尔使用的有机回收箱
（资料来源：吉普兹克阿省的Zero Zabor组织。）

每类垃圾都有一个指定的收集日：有机垃圾在每周三、五、日被收集，轻包装材料在每周一、四被收集，纸张、纸板在每周二被收集，其他垃圾在每周六被收集。轻包装材料被装在袋子里，居民可以向政府购买可反复使用的袋子来装此类垃圾；纸张、纸板被捆成一捆或者放在盒子或袋子里；有机垃圾被放在政府提供的箱子里，其他垃圾则被倒在袋子里。收集工作由一个叫加比塔尼亚（Garbitania）的上市公司完成，这个公司由埃尔纳尼、乌瑟比尔和奥雅岑（Oiartzun）三地政府建立。垃圾收集工作在晚上完成，早上有一个轮班作为补充。每个箱子和钩子上都有一个可以表明用户身份的编码，政府通过编码可监督每家的垃圾分类情况。若垃圾收集员发现有不是当天所要回收的垃圾，就在箱子上贴一个红叉，不回收这种垃圾，管理办公室会收到该信息，这户居民也会收到一份解释当天的垃圾为什么没被收走的告知书。

对于玻璃，街上的大垃圾箱体系得以保留，只在老城区实行上门回收的方式。回收的玻璃将由生产商、包装商、灌装厂和回收商创建的非营利协会处理。包装物企业需要为投入市场的每件产品支付一定费用，用于资助该协会。

若有人错过了上门回收，还可以把垃圾送到4个应急中心。该市还设有1个收大件垃圾、电器和电子设备以及其他垃圾的回收点，因为这些类型的废弃物没有被包括在免费上门回收的服务中。商户垃圾的收集日程表和住户一样，只不过多了一个其他垃圾收集日。在农村地区，家庭堆肥是强制性的，其他类型的垃圾要么被上门回收，要么由住户送到垃圾回收站。

利用这个新体系，埃尔纳尼促进了社区家庭堆肥的推广。居民能报名上堆肥课，并获得1本家庭堆肥手册，同时可免费拿到1个堆肥箱。居民可以拨打堆肥咨询热线,并在需要的时候请堆肥专家上门。报名在家堆肥的人能获得40%的垃圾管理费折扣。商户的垃圾管理费会因收集频率和产生的垃圾量而有所不同,实行按量计费。

沟通交流和社区参与是项目成功的关键所在;垃圾焚烧是不得已的选择;上门回收是可行的,也是解决埃尔纳尼垃圾问题的最佳方案——正是在这些信念的支撑下,改变才得以发生。在新回收体系贯彻执行的2个月前,政府组织了多次会议来对新体系进行解释和修订,正如市长宣布的那样:"我们最先进的技术是社区参与。如果社区分类做得好,就根本没必要建垃圾焚烧炉。"

埃尔纳尼的上门回收效果可以由垃圾产生情况反映。在2010年,埃尔纳尼每月产生500吨的生活垃圾,平均每人每天产生0.86千克,而2009年则是1.1千克。上门回收体系的建立以及零废弃运动的倡导,提高了公众对垃圾的认识,从而改变了他们的购买行为。由于埃尔纳尼之前采用的是大垃圾箱体系,人们很容易把家庭垃圾之外的废弃物(比如建筑和工地垃圾)随意倒在里面。采用了每户一个小垃圾箱的体系后,这种现象就很少出现了。表5-13说明了埃尔纳尼在采用上门回收策略前后家庭垃圾成分的变化。

表5-13　埃尔纳尼家庭垃圾各组分的比例[千克/(人·年)]

类型	2007年	2008年	2009年	2010年
家庭堆肥	4.5	5.4	5.7	17.1
有机物	0	0	0	47.6
纸张、纸板	41.3	45.5	44.1	44.1
轻包装材料	12.2	14.4	15.8	22.8
玻璃	26.8	25.9	27.2	30.4
其他垃圾	43.6	40.5	40.6	27.6
残余垃圾	276.0	277.0	269.9	106.7
总计	404.4	408.7	403.3	296.3
年变化率		1.1%	-1.3%	-26.5%

资料来源:圣马可城市联盟(Mancomunidad de San Marko)。

由图5-48可见,乌瑟比尔、埃尔纳尼和奥雅岑在很短的时间内降低了人均其他垃圾量，而在其他市镇，同期的数据还保持不变。第四个采纳上门回收分类垃圾策略的市镇安佐拉也表示，90%的垃圾得到了分类回收利用，其他垃圾只占全部收集量的10%。

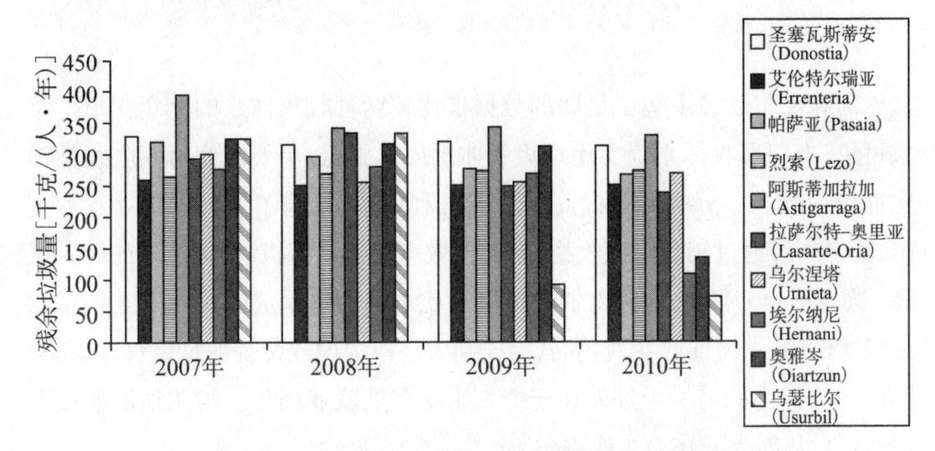

图5-48　埃尔纳尼与其他市镇人均残余垃圾量对比

[资料来源：圣马可城市联盟(Mancomunidad de San Marko)。]

埃尔纳尼政府比较了上门回收体系和之前使用的4个大垃圾箱体系的成本，如表5-14所示。

表5-14　2011年埃尔纳尼上门回收体系与之前传统回收体系花费的比较

			上门回收体系(欧元)	传统体系(欧元)
支出	收集		1 356 000	486 000
	圣马可	给城市联盟的捐献	210 000	210 000
		其他垃圾填埋	152 000	696 000
		Lapatx有机垃圾处理厂	156 000	0
	地下容器保养		0	40 000
总支出			1 874 000	1 432 000
收入	轻包装材料		198 000	0
	纸张、纸板		90 000	0
总收入			288 000	0
净成本			1 586 000	1 432 000

资料来源：埃尔纳尼市政厅。

注:1. 比较基于之前采用的4个大垃圾箱的回收体系。埃尔纳尼没有将上门回收体系与政府推进的体系(也就是5个垃圾箱的回收体系)做比较,但是乌瑟比尔的数据表明那种体系比上门回收开支更高,而回收率却低得多。

2. 轻包装材料和纸张、纸板的收入是估算值,依据了2010年收集量的平均数据。

3. 市政必须把有机垃圾运输到拉帕克斯堆肥工厂,导致支出增加。埃尔纳尼对送到堆肥厂的有机垃圾每吨支出130—135欧元(包括送往堆肥厂的运输费)。

乌瑟比尔已经采集了足够的数据来比较两种收集体系的全年支出。结果可见,上门回收体系确实比垃圾箱体系成本更低,主要因为可回收物的销售能获得收入。分类回收提高了资源再利用率,抵消了垃圾末端处置的支出,而且还可通过销售可回收物(在其他城市还包括有机物)创造新的收入来源。如表5-15所示,乌瑟比尔的新体系比之前的体系成本更低。在埃尔纳尼的案例中,上门回收花费稍高,但比起大规模填埋或焚烧的垃圾管理策略,上门回收体系的另一个好处在于能带来更多的就业岗位。埃尔纳尼通过上门回收总共创造了16个工作岗位。

表5-15 乌瑟比尔上门回收与垃圾箱回收支出比较

	垃圾箱回收 (2008年)	垃圾箱回收和上门回收 (从2009年3月开始)	上门回收 (2010年)
支出(欧元)	493 444	565 961	670 015
收入(欧元)	135 447	202 669	452 269
净成本(欧元)	357 997	363 292	217 746
资金自给率	27.4%	35.8%	67.5%

资料来源:2006—2010年乌瑟比尔市议会的垃圾收集支出和收入报告。

到目前,乌瑟比尔、奥雅岑、埃尔纳尼和安佐拉已经开始进行垃圾源头分类——上门回收,产生的积极变化在政府和社区团体两方面中都有体现,并表现于可持续物料管理、污染预防和本地经济等方面。此外,这些城市的案例还说明,只要政府敢于领头,并依靠群众,基于社区的垃圾管理体系在短期内就能带来显著效果。

三、加拿大多伦多的垃圾分类回收

多伦多是加拿大人口最多的城市,其市区面积大,移民人口多,要推行垃圾分类十分不容易,市政府在这方面下了非常大的功夫。20世纪80年代,多伦多之前使用的垃圾填埋场要封闭,但是很难找到其他的地方用来填埋垃圾。另外一个问题就是,软饮料生产商越来越多地使用塑料瓶和易拉罐代替玻璃瓶,但是塑料瓶和易拉罐都没有被再使用。政府开始向软饮料生产商施压,市政府和生产商最后在1987年实施了蓝桶回收项目,制造商负担1/3的回收费用,市政府和省政府也各负担1/3。政府为了减少垃圾的填埋量,开始实施垃圾分类的政策,通过回收政策减少填埋量。最初的回收,只是将可回收物分出来,后来回收时逐渐地将有机物单独分出来处理。政府为社区居民发放垃圾桶,对这些垃圾桶的使用有明确规定。

多伦多社区住宅的垃圾主要分3类,用3种颜色的桶加以区别(图5-49)。绿色桶是装有机垃圾的:水果、蔬菜、鱼、肉等食物,动物粪便、盆养植物、软纸(如食物包装纸、纸巾、咖啡过滤纸、纸盘等)、茶叶包等。不可放入绿色桶的垃圾为塑料瓶或塑料袋、头发、毛发、木屑、烧烤后的炉灰。蓝色桶是装可回收的物品的:纸盒、纸筒、塑料瓶或塑料罐、空油漆桶、金属瓶、玻璃瓶、铝盘、饮料盒、纸板、纸箱、塑料袋、发泡盒、废纸、鸡蛋纸托、喷雾器空瓶、书报等。碎纸需用塑料袋盛装,其他纸制品可以散放在垃圾桶内。不可放入蓝色桶的垃圾为:玩具、电子产品(钟表、磁带、半导体、搅拌器)、锅、盘子、衣服、鞋、玻璃饮料瓶、碎玻璃、灯泡、镜子、陶瓷制品、金属衣架、铝箔制品、礼物包装塑料、蜡纸、纺织物品。黑色桶是装其他不可回收垃圾的。多伦多市政府还会发给每户家庭一个白色的小桶,用于居民在家投放分好类的有机物,居民之后再将小桶里的有机物倒进绿色大桶里。多伦多的每个区有特定的时间收集特定的垃圾,绿桶是每周收1次,而蓝桶和黑桶都是每2周收1次。

图5-49　多伦多社区的分类垃圾桶

分类后的投放方式主要有两种：一种是在门前就可以投放，还有一种是将垃圾投放到指定地点。市政府收集的主要有绿桶里的有机物（包括厨余垃圾等）、园林和庭院废弃物以及投放到蓝桶里的可回收物（包括废弃的纸张和各种包装物，还有各种容器），还有大件的垃圾，包括家具、床垫、家用电器和地毯等（图5-50）。需要送到指定地点投放的垃圾有：有毒有害垃圾（如药品、化学溶剂、电池和油漆等）、废弃轮胎和废弃的电器（如电视机和电脑等），在购买这些物品时，消费者需要交纳回收费用。对于葡萄酒瓶、白酒瓶、啤酒瓶以及易拉罐，这些都是采用押金兑换空瓶罐的方式进行回收的，每个瓶罐会退还0.1—0.2加元。按照重量来计算比例的话，2012年多伦多收集的不同可回收物的比例大概如下：废纸59%、废纸盒22%、塑料5%、金属类3%、玻璃类11%。

图5-50　多伦多社区马路边的园林和庭院废弃物

多伦多蓝色桶的演变有历史渊源。最初将可回收物分出来的时候，也是两个桶，一个装废纸，一个装其他可回收物，每2周收集1次；为了提高居民的回收率，将蓝色桶变成回收所有可回收物的桶，每2周收集1次。按照要求，蓝桶内不能有垃圾袋，且桶内的垃圾量不能超过桶（图5-51）。此外，市民在投放破碎的玻璃等尖锐危险物品时必须妥善处理，避免伤及工人。市民应当将其细心装入纸盒或硬包裹中，且标明清楚是破碎玻璃或锐器。投入蓝桶内的所有容器必须是空的、冲洗干净的，纸板必须是弄平后捆绑在一起的。但是将所有可回收物通通放到一个桶里有利也有弊：一方面可以提高回收率，另一方面也会对下一个链条的再次分类造成一定的困难，因为是机械分选，而且很难将所有的可回收物分清楚，所有的可回收物放在一起有时也会造成交叉污染。

图5-51　多伦多的蓝桶中的可回收物

根据垃圾种类的不同，多伦多的垃圾收集费用主要有两种付费方式：一种是市政府负责其他垃圾的收集费用，另一种是按照企业生产者责任延伸制的方式付费。针对第二种方式，重点说明一下：生产者要负责产品使用寿命结束后的处理费用；生产者要为轮胎、电子垃圾和有毒有害垃圾的回收和处理支付100%的费用。这些费用实际上是由消费者共同承担的，有些地方在销售产品的小票上会标明回收和处理费用，有的则不标明。生产者为蓝桶里收集到的可回收物支付50%的处理费用。

多伦多的垃圾分类是逐步实施的，回收的垃圾种类也逐步增加。20世纪80年代，回收的是纸、玻璃和易拉罐。随着时间的推移，更多的回收物被列入到回收行列。21世纪初，回收有机物的绿桶被引入，厨余垃圾等家庭产生的有机物得到了分类和堆肥处置。现在蓝桶里收集的可回收物已经有59种，绿桶收集的有机物达到了33种。根据住宅类型的不同，多伦多先是在独立住宅的住户中推行垃圾分类，然后拓展到公寓型住宅。

政府如何鼓励居民做垃圾分类呢？多伦多市政府主要采用以下方式开展垃圾分类：制定法规条例、采用经济手段、教育、社区监督和建立便利的垃圾分类投放系统。根据省政府的要求，多伦多市政府开展了可回收物和有机物不进入填埋场的项目。在运用经济手段时，多伦多市政府根据其他垃圾产量向居民收费,投放到黑色垃圾桶里的垃圾越多,居民需要负担的费用越多。但是市政府不对分类后的有机物和可回收物收费,以此刺激居民减少其他垃圾的产生,尽可能多地将可以回收再利用的垃圾分出来。在垃圾分类教育方面,市政府会通过电视、广播、地铁等各种媒介进行宣传,并通过学校对学生进行垃圾分类教育。关于个人在垃圾分类中可以做什么和如何做的问题,多伦多市政府关于固废管理的网站上有专门的信息,公众可以在网站上查询到非常详细的信息。上述措施推广后,社区居民也会在投放垃圾时互相监督,这对不分类的居民会形成一些压力。还有一点非常关键,多伦多建立了便利的分类投放系统,居民可以非常方便地就近投放在家里分好类的可回收物和有机物,而不需要将垃圾带到指定的地方投放。但是如果居民没有分类,收集部门便会拒绝收集,还会在垃圾桶上贴上"温馨提示",提示垃圾分类应如何做。每年年初,住户都会收到一份"垃圾回收日历"。这份日历上明确表明每周几(对于每个小区都是固定的)回收哪种垃圾,包括后院的垃圾(如树枝、树叶、杂草等),并且提醒住户哪种垃圾应该放在哪个桶里。比如,口香糖、牙线、挖耳器、烟头、红酒的软木塞不能放在绿桶里,只能放在黑桶里;婴儿用的尿布、纸巾、快餐包装盒应该放到蓝桶里。另外,针筒、易燃物品、化学药品、废旧电池等特殊物品应送到每个区的垃圾回收点。家里不用的废旧家电、家具等大件物品,居民或者自行送到指定的回收点,或者按照"垃圾回收日历"上约定的时间放到路边。

加拿大是一个对环保要求十分高的国家。早在2007年,多伦多就定下要将70%的垃圾变成可循环再利用物品的目标。所以政府除了大力宣传之外,对违规行为罚款时也绝不手软。据报道,曾有一户刚搬进公寓楼的住户便收到了物业的两张罚款单。第一张罚款单是因该户没有依公寓楼的规定,把可回收物送到公寓楼一层的可回收物专用房弃置;第二张罚款单是因该户没有把厨余垃圾完全推进垃圾槽,造成垃圾臭味蔓延,而且该户将大量纸张、瓶子等可回收物与厨余垃圾混在一起弃置。物业的罚款单还附上了以该户户主为收件人的信封复印件,以示证据确凿,同时还附上了相关公寓楼的垃圾管理规定。该住户自然无话可说,支付了100加元的"环保教育费"。

四、瑞典的哈马比生态社区

1. 瑞典垃圾分类概况

每个瑞典人都在实现着他们的环保梦想，即通过大规模的回收创造一个高效、有益的自然体系，一个“人人都回收”的社会。然而，瑞典在培养国民垃圾分类意识上也曾足足花了一代人的时间。

图5-52　瑞典儿童在家里做垃圾分类

在瑞典，政府对国民垃圾分类意识的培养从儿童时期就开始了(图5-52)。政府先是把这个概念引入学校，教育孩子们如何进行垃圾分类，再由孩子们回家后告诉大人。瑞典人自豪地称：“在瑞典，垃圾分类是一种传统。”大多数家庭有很多用于存放不同种类垃圾的垃圾桶。在瑞典，电池、生物可分解物、木质材料要分类，有色玻璃和其他玻璃要分类，铝和其他金属要分类，新闻纸和硬纸盒也要分类，这两种纸以外的纸则属另外一类。此外，瑞典人在对这些垃圾进行如此细致的分类之前还要将垃圾清洗一下，因为有奶渍的牛奶盒不能被回收，带有标签的金属罐也不能被回收。瑞典有专门的垃圾收集服务者，但他们只收集特定的垃圾，一般是生物可分解的剩菜残羹。对于没有被收集的垃圾，瑞典政府在大多数的社区设立垃圾收集中心，在其中放置许多标有颜色标识的垃圾容器，以方便人们将已经分好类的垃圾投入专用的垃圾容器(图5-53)。因此，如果没有提前分类，扔垃圾时就会犯难，这在一定程度上激励了人们进

图5-53　瑞典社区的分类垃圾桶

行垃圾分类。

总有一些偷懒的人不愿意去分类，瑞典政府对此做出了回应：重新设计垃圾容器来提高乱扔垃圾的难度，例如，把扔瓶罐的容器口设计成小孔状的，把扔硬纸盒和纸板箱的容器口设计成长条状的。这样一来，大大减少了乱扔垃圾的现象。

瑞典这种强制的回收体制有以下流程：首先，消费者对垃圾进行清洗、分类并将其运送到收集中心，然后由政府委任的垃圾收集服务者将其运送到区域中心，在那里垃圾将被回收利用，未被回收利用的垃圾则被运到集中的回收工厂进行再生利用或焚烧，最后剩下的垃圾将以填埋的方式进行处理。

2. 典型范例：哈马比生态社区

哈马比(Hammarby)在瑞典语中的意思是“临海而建的城市”。哈马比位于瑞典首都斯德哥尔摩城区东南部，尽管街区风貌、人口密度已经像郊区，但其离城中心的直线距离不过三四千米。虽被称为城市，实际上它只是一个经过高度规划的、功能复合的新型社区——它被设计成一个高循环、低耗费，与自然环境和谐共存的社区。因为它成功的环保理念，哈马比也成为全世界建造可持续发展城市的典范。

20世纪90年代起，斯德哥尔摩市政府为争取2004年奥运会的主办权，开始对斯德哥尔摩城区东南部进行改造，并将其规划成未来的奥运村。虽然那届奥运会的主办城市最终不是斯德哥尔摩，但哈马比作为一座环保新城的建设却继续了下去，成为斯德哥尔摩最大的一项市政工程。哈马比占地约204万平方米(其中陆地占171万平方米)，共有1.1万座公寓、2.6万居民，另外还有1万人在此地工作。社区的居住功能与环境的功能和谐共存，生物气体及其转化的电力是这个社区能源的主要来源。哈马比社区迎接新住户时首先会发放3件小礼品：有机废物垃圾箱、生物分解垃圾袋和节能灯泡。这里的居民自觉地在日常生活中采取对环境友好的行动。

小区附近有一个热电厂，热电厂的部分原料就是小区居民投放的有机垃圾。热电厂将有机垃圾循环利用后再将电能送回小区。小区里所有的公共交通燃料都是这个热电厂生产的，同时小区还使用太阳能和风能，整个小区可以达到零排放。在哈马比，整个社区由成片的、有四五层楼高的方形楼房组成

(图5-54),外形很像中国新兴的西式联排别墅群,但是在这些“联排别墅”之间,纵向的马路上修建着轨道,蓝色的有轨列车在社区间穿梭,看上去就像一条地面轨道线开在了小区里,十分便捷。这些列车的动力也是来源于垃圾处理或废水处理所产生的电力。

图5-54　哈马比生态社区

在哈马比这样的生态循环系统中,为城市带来充足动力的垃圾回收技术成了能源产生的心脏。哈马比的滨水新城采用的是就近楼层、就近街区和就近地区的三级垃圾处理系统。第一级:就近楼层主要分拣最重和最占地方的废物。可燃烧的垃圾、厨余垃圾以及报纸、废纸等被分开,或被投入不同的垃圾投掷口中,或被堆放在楼层入口旁。第二级:就近街区的回收间主要回收包装物、废旧物品、电子垃圾和纺织物等不适合被投入垃圾投掷点的垃圾。第三级:危险垃圾,例如颜料、油漆、黏合剂、溶解剂、电池和化学品等,经分拣后交由就近地区的环保站回收处理。

此外,哈马比的滨水新区还建成了一套可处理不同废物的垃圾抽吸系统。在哈马比,每个小区中均设有分类垃圾投掷点,公寓之间都会有6—8个排成一排的垃圾桶,这些垃圾桶上贴着分类的标贴。这些垃圾桶实际上是一些管道的入口,这些管道分布在社区的地表以下,专门用来收集垃圾(图5-55)。

图5-55　瑞典哈马比的垃圾分类系统

垃圾被投掷后,通过真空抽吸被输送到中央收集站内,再通过控制系统被输送到大的集装箱中。这样,大型垃圾车不用进入小区就能取走垃圾,也省去了人工收集垃圾的环节。在环境循环链中,垃圾可以变废为宝。穿过哈马比长长的街区会发现,一些仓库设在社区边缘,这些仓库就是垃圾处理终端。在这里,强劲的电泵将整个城区的垃圾从管道里抽取到这个地方,纸张进入纸张的管道,瓶子进入瓶子的管道,然后被回收;生活垃圾进入生活垃圾的管道,有机垃圾可以被转化或制成生物沉渣并用作田间肥料,可燃烧的垃圾也可以成为当地热电厂的燃料,或被用于提取天然气,或被用于燃烧发电,总之可燃烧的垃圾都将重新变成新能源回到社区之中。这里完全由电脑控制,除了机器的运转声,在这个垃圾处理终端里既看不到一点垃圾,也闻不到一丝异味。因为有这样的处理系统,哈马比的垃圾回收率在70%以上,其中家庭垃圾的转化率更是高达95%。在哈马比,只有很少一部分垃圾被填埋。